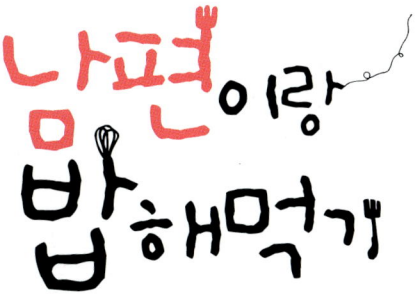

남편이랑 밥해먹기

맛도 스타일도 포기하고 싶지 않은 그녀들의 신혼 레시피

글·요리·사진_ 앤키친 송현주

BM 성안당

" 음식은 나눔이다. 나의 작은 노력에서 오는 행복이다."

오늘도 여러분은 누군가를 위해 밥상메뉴를 고민하고 식사를 준비하고 있을 겁니다.
저 역시 수년간 요리를 배운 사람이지만 실제로 집에서 밥상을 차려내는 일은 항상 쉽지만은 않은 일이지요. 음식이란 작은 나눔의 마음에서 시작하는 것이란 생각이 듭니다.
밥상에 둘러앉은 나의 사랑하는 반쪽, 소중한 사람들이 즐거워하고 정을 나누는 모습은 세상에서 가장 행복한 풍경이 아닐까요?

쿠킹 클래스에서 가정요리를 가르치며 가장 보람을 느끼는 때도 맛있는 음식으로 인해 가족이 더욱 화목해졌다는 이야기를 전해들을 때였답니다. 음식은 부부의 불화를 치료하기도 하고, 고부간의 갈등을 해소하기도 하지요.
음식으로 인한 작은 나눔의 마음이 큰 행복을 가져올 수 있다는 평범한 진리를 깨달으면서 요리란 우리 생활과 삶을 빛나게 하는 마법과 같은 존재란 생각을 합니다.

의식주 중에서 가장 작은 투자로 큰 기쁨을 누릴 수 있는 것이 바로 '식' 이지요,
그래서 생활의 에너지를 충전한다는 기본적 목적이 해결되고 나면, 어떻게 하면 더 잘 먹고 잘 살 수 있을까를 고민하게 돼요. 전통적인 평범한 한식도 어떤 그릇에 담느냐에 따라 분위기가 달라지고, 기념일에는 레스토랑 부럽지 않은 코스메뉴로 오붓한 식탁을 꾸미기도 하지요.
집에서 빵을 굽고 디저트도 손수 만들며, 예쁜 요리를 만들어 선물하기도 하면서 나의 감각과 스타일이 더해진 나만의 주방을 채워가게 됩니다.

늘 똑같은 밥상, 밑반찬으로 대충 끼니를 넘기는 밥상, 반찬통을 그대로 차려내는 성의 없는 밥상으로는 결코 나만의 식탁을 가질 수 없어요.

어떻게 하면 좀 더 좋은 맛을 낼 수 있지? 에서부터 시작한 작은 노력이 좀 더 좋은 식재료 선택을 위해서는 어떻게 해야 할까? 음식점만큼은 아니더라도 매일 매일 다른 다양한 음식을 만들어 보는 건 어떨까? 어떻게 하면 예쁘게 차려놓고 먹을 수 있을까? 라는 고민까지 차츰차츰 이어지게 만들어줍니다.

주방에서 이뤄지는 나의 작은 변화와 그에 따라오는 가족의 행복을 경험하고 싶은 분들, 그 변화의 방법을 고민하고 있는 분들에게 조금이나마 도움이 되고자 손쉬운 메뉴와 요리법으로 구성된 요리책을 출간하게 되었습니다.
누구나 할 수 있고 따라하고 싶은 요리, 보는 순간 먹고 싶어지는 요리, 식사시간이 즐거워지는 요리들로 메뉴를 구성하였고 생활 속에서 충분히 실천할 수 있는 스타일링 팁을 알려드립니다.

항상 가까이 있는 내 남편, 그리고 소중한 가족들을 위해 눈과 입이 즐거워지는 요리를 차려내면서 스타일 넘치는 나만의 첫 주방 살림을 꾸려 보세요.

이 책이 나오기까지 도움을 주신 앤키친 staff들과 이 책을 기획해 주신 박희란 팀장님, 늘 옆에서 조언과 도움을 주신 남편과 윤지영 교수님께 감사드리며, 직접 얼굴은 뵌 적은 없지만 저의 첫 책과 마주하고 있는 독자여러분께도 감사의 말씀을 드립니다.

2009년 11월
앤키친 송현주

CONTENTS

내 손으로 꾸리는 첫 살림,
누구보다 똑소리 나는
나만의 스타일 키친

story-01 도구는 나의 힘, 자주 쓰는 조리도구를 소개합니다

결혼을 하면서 내 살림을 갖는다는 의미는 여자에게 매우 큰 특별함으로 다가오더라고요. 신혼살림은 1~2년을 보고 사는 게 아니라 평생을 보고 사는 것이기 때문에 좋은 걸로 장만해야 한다는 어른들의 말씀처럼 주방 살림을 살 때는 꼼꼼하게 질 좋은 것을 따져 사는 것이 중요해요. 주방에서 특히 많이 사용하게 되는 제 조리도구를 몇 가지 소개할게요.

믹서 작은 용량의 믹서기는 배즙이나 양파즙을 갈 때 등 여러모로 자주 사용하게 되니 꼭 마련하세요. 핸드믹서는 스테인리스 제품을 사용하고 있어요.

튀김온도계 튀김을 할 때 온도를 정확히 재서 요리 할 수 있어 편리해요.

통3중 스테인리스냄비 국이나 찌개를 끓일 때는 되도록 코팅냄비를 사용하지 않는 게 건강에도 좋아요. 양질의 스테인리스냄비를 구입해 두면 거의 평생 쓸 수 있으니까 처음부터 좋은 냄비를 구입하는 게 오히려 절약이에요.

전자저울 저울을 살 때는 처음부터 전자저울을 사도록 하세요. 베이킹을 할 때 특히 적은 분량을 재야 하는 경우가 많은데 전자저울로 정확하게 재야 실패하지 않고 요리할 수 있거든요.

요리집게 주로 고기를 굽거나 뜨거운 것을 집을 때 두루두루 많이 사용하게 돼요.

톱니칼 토마토를 얇게 슬라이스할 때 편리해요.

빵칼 하나쯤 장만해 두면 빵을 자를 때 부스러지지 않고 요긴하게 쓸 수 있지요.

스패튤라 쿠키를 구워 오븐팬에서 식힘망으로 옮길 때 쓰고 있어요.

실리콘볶음주걱 270℃에도 녹지 않는 실리콘 재질이므로 안전하게 요리할 수 있어요

채반 된장을 풀 때는 작은 채를, 국수나 야채의 물기를 뺄 때는 큰 채를 사용해요.

유리볼 무침을 하거나 재료를 섞을 때 등 플라스틱 용기와 달리 뜨거운 재료에 구애받지 않고 다방면에 사용가능 해요.

대나무찜기 찜기 하나쯤 마련해 두면 만두 종류나 빵 종류를 만들 때도 요긴하게 쓰여요.

대나무김발 김발은 김밥을 쌀 때 모양도 예쁘게 잡아주고 싸기도 훨씬 편하게 해줘요.

밥숟가락 요리할 때 가장 많이 쓰게 되는 게 바로 이 숟가락이에요. 재료를 담아 계량하고 휘휘 젓기도 하고 간을 보는 등 요리하는 내내 없어서는 안 될 필수 도구랍니다.

가장 손쉬운 스타일링,
많이 쓰는 기본재료 손질하기 & 예쁘게 썰기

홍고추
반을 갈라 씨를 파내고 2cm 정도 길이로 얇게 채치듯 잘라 주세요. 요리의 모양을 살려주는 빨간 포인트로 손색이 없어요.

청양고추
홍고추와 마찬가지로 반을 갈라 씨를 파내고 2cm 정도 길이로 얇게 채치듯 잘라 보세요. 작고 얇게 썰어 넣어 주면 요리 전체에 골고루 퍼지면서 매운맛을 잘 살려낼 수 있어요.

두부
찌개에 들어가는 두부는 사방 2cm, 두께 1cm 미만 정도의 크기가 가장 적당한 것 같아요. 국물 속에서 잘 부서지지 않으면서 양념 맛을 잘 흡수할 수 있을 정도의 크기가 좋아요.

대파
보통 그냥 원형으로 송송 썰거나 어숫하게 써는 경우가 많은데, 길게 결대로 잘라 1~2cm 정도 길이로 다시 잘라주면 요리를 했을 때 모양도 어우러지고 먹기도 편해요.

새우
머리는 제거하고 껍질을 벗긴 후, 새우의 등 쪽에 이쑤시개를 살짝 넣고 살살 들어 올려 내장을 제거해요.

낙지
밀가루로 바락바락 주물러 여러 번 흐르는 물에 헹궈내어 불순물을 제거해야 깨끗이 손질할 수 있어요. 소금으로 손질할 경우 금방 짜게 변할 수 있으니 주의하세요.

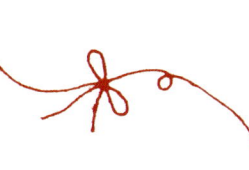

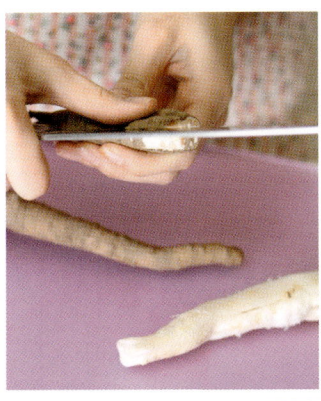

더덕
껍질을 뜯어내듯이 벗겨내야 진액
이 묻어나는 것을 최소화할 수 있
어요.

오징어
껍질을 벗길 때 키친타월을 이용해
잡아주면 손에서 미끄러지지 않고
쉽게 벗겨 낼 수 있어요.

조개
조개끼리 서로 부비면서 씻어줘야
불순물이 잘 떨어져 나가요.

찌개용 호박
원이 4등분된 부채꼴 모양이 찌개
속에서 가장 예쁜 것 같아요. 절반
으로 나누어 반원으로 길게 썬 다음
2등분 하면 돼요.

찜용 감자&당근
찜에 들어가는 감자나 당근은 모서
리를 다듬어주어야 완성된 요리의
국물이 깔끔하게 된답니다

야채 채썰기
일식당처럼 야채를 곱게 채썰고 싶
다면 채칼을 이용해 얇게 저민 후
칼로 채를 썰어야 해요. 채칼을 사
용할 때는 손을 다치지 않도록 주의
해서 사용하는 것 잊지 마세요.

센스 있고 엣지 있는 테이블 스타일링을 하려면 고정관념을 버려야 해요. 그릇마다 용도에 따라 각각 이름이 있기 마련이지만 너무 그것에 집착할 필요는 없다는 것이죠. 물론 납작한 접시에 국물요리를 담을 수는 없겠지만 작은 알밥 그릇에 마른 밑반찬을 담아보고 뚝배기에 나물요리를 내어 보는 건 어떨까요? 가끔은 작은 종지에 찬을 일인분씩 나누어 담아 각자의 앞에 차려놓아 보는 것도 재미있답니다. 이런 센스 있는 상차림을 위해서 꼭 비싼 그릇이 필요한 것은 아니에요.

백화점에 가보면 맘에 드는 그릇을 발견하고도 쉽게 구입하지 못할 정도로 비싼 그릇들이 많지요. 물론 우리집 그릇장에도 그런 비싼 그릇들로 가득 채워놓고 때에 따라 혹은 메뉴에 따라 바꾸어 가며 상차림을 할 수만 있다면 얼마나 좋을까 싶어요. 하지만 대부분의 사람들은 그렇게 생각에서만 머물 수밖에 없는 게 현실이잖아요. 그런데 꼭 그릇이 비싸다고 해서 제 값어치를 하는 것은 아니랍니다. 모든 물건이 그렇듯 그릇도 쓰는 사람이 얼마나 값어치 있게 사용하느냐에 따라 그 그릇에 담긴 음식이 세상에서 가장 맛있는 음식이 되기도 하고 또 가장 맛없는 음식이 되기도 합니다.

내 생에 첫 부엌살림 중 가장 공을 들이게 되는 그릇들은 값이 비싸진 않지만 활용도가 높은 그릇, 포인트가 되는 그릇들을 준비해보세요. 요리에 어울리는 그릇을 선택해서 센스 있게 상차림을 한다면 우리집만의 푸드 스타일을 완성할 수 있어요.

뚝배기

된장찌개야 말할 것도 없고 한 그릇 국밥음식과 찜요리를 담아도 좋아요. 그리고 삼계탕, 갈비탕, 꼬리탕 등 탕요리를 담아도 좋지요. 깊이가 있어서 국물이 들어간 음식이라면 무엇이든 가능해요. 최근에 나오는 뚝배기는 1인용 뚝배기, 2~3인용 뚝배기, 다인용 뚝배기 등 종류와 색깔이 다양해졌어요. 작은 1인용 뚝배기에는 국물요리 뿐만 아니라 나물요리나 다양한 무침요리를 담아내보세요. 밥상이 훨씬 정겹고 센스 있게 변신한답니다. 대부분의 가정이 핵가족이기 때문에 1인용 뚝배기와 2~3인용 뚝배기를 구비해 두면 매일매일 사용할 만큼 여러모로 활용도가 높아요.

국찌개 그릇

국과 찌개를 담는 그릇으로 사용해요. 일반적으로 쓰는 그릇보다 높이가 높고 폭이 좁아 세련되어 보이고 활용도가 높아요. 죽이나 잔치국수 등을 담아 상차림을 해도 고급스런 분위기가 난답니다. 한 그릇 음식을 담는 용도로 사용할 수도 있으니 색상이나 디자인을 고려해 구입하세요.

한식 찬그릇

집에서 먹는 밥상은 늘 센스 없고 음식점만 못한 것 같다는 생각을 많이 하게 돼요. 그릇을 매번 바꿔 줄 수도 없는 형편이고, 한식은 아무리 예쁘게 차리려고 해도 양식 상차림만큼 분위기 있어 보이지가 않죠. 한식은 찬이 많기 때문에 찬그릇은 확실히 통일시켜 주는 것이 좋아요. 또한 한식의 찬류는 김치를 비롯해 붉은 색이 많기 때문에 밝은 색깔로 선택해 주는 것이 쉽게 질리지 않고 오래 쓸 수 있는 방법이랍니다.
찬그릇은 통일 시켜주고 밥그릇이나 국그릇, 메인접시 등을 포인트 컬러가 될 만한 그릇으로 선택해 주어 정돈된 느낌을 준다면 늘 먹는 반찬이라도 한결 센스 있어 보일 거예요.

종지

한식은 음식에 따라 필요한 양념장류가 참 다양해요. 또한 종지는 양념장을 담을 때 뿐 아니라 다른 요리를 담을 때도 참 쓸모 있는 그릇이랍니다. 가령 작은 종지에 짭짤한 젓갈이나 장아찌를 조금씩 담아 놓기도 하고, 밑반찬류를 담아 센스 있는 상차림을 할 수도 있어요. 아이들의 간식, 남편의 술안주로 구운 잣이나 볶은 은행, 호두, 땅콩 등을 담아 낼 때에도 활용하면 좋아요.
다른 큰 그릇에 비해 가격도 부담스럽지 않은 편이라서 다양한 디자인으로 갖추어 두면 용도에 따라 센스 있게 사용할 수 있을 거예요.

질그릇

질감이 투박한 이런 그릇은 한식상차림에 한개만 놓여 있어도 그 차림이 한층 센스 있어 보여요. 깊이가 적당해 국물요리, 찌개요리, 탕요리에도 좋지만 국물이 자작한 불고기 등의 고기요리, 찜요리나 조림요리, 무침요리, 냉채요리 등 다양한 요리를 담아내도 참 어울려요.
요리를 담는 용도뿐만 아니라 수반으로 활용해 꽃잎 등을 띄운다거나 초를 띄워 밥상 옆에 두면 간단하지만 근사한 스타일링을 할 수 있지요.

일식 덮밥 그릇

본래 용도는 일본에서 사용하는 한 그릇 덮밥용 그릇이에요. 하지만 1인분씩 찌개를 담거나, 1인분씩 찜요리를 담아 상차림을 한다면 한식상차림이 한껏 달라 보인답니다. 계란찜, 죽, 수프를 담아내도 좋고요.

일식 찬기

약간 높이가 있는 일식 찬기는 한 가지 종류쯤 가지고 있으면 손님상을 차려낼 때 좋아요. 1인분씩 샐러드류를 담아 낼 때나 갖가지 냉채류를 담아 낼 때도 어울리고 살짝 데친 두부에 양념간장을 얹어 사람 수대로 준비해 내어 보는 것도 괜찮아요.

작은 뚝배기

묵직해 보이는 작은 뚝배기 그릇은 일식당에서 주로 알밥이 담겨져 나오는 것을 많이 보셨을 거예요. 가정에서는 알밥을 해서 담을 때는 물론, 까만 뚝배기에 하얀 쌀밥을 담아 밥그릇으로 사용해도 제격이에요. 높이가 있어 일인분의 찌개를 담아도 좋고, 견과류나 간식류를 담는 용도로도 사용할 수 있지요. 색다르게 마른 밑반찬류를 담아 찬기로 사용한다면 센스있는 상차림이 된답니다.

포인트 그릇

색이 선명하고 화사한 그릇은 담겨있는 음식도 신선하게 보이도록 해줘요. 샐러드나 냉채, 생채무침, 생식용 두부 등 신선도를 중시하는 음식을 담아내면 좋아요. 가끔은 상차림에 과감한 컬러의 그릇으로 포인트를 줘보세요.

면기

면요리, 비빔밥, 수제비, 떡국, 만두국 등 별다른 찬 없이 이런 한 그릇 음식을 낼 때는 자칫 밋밋해 보일 수 있다는 단점이 있어요. 이 때 그릇만 잘 선택해도 그런 단점을 충분히 보완해 줄 수가 있답니다. 선명하고 화사한 색상의 그릇을 사용하면 심플하면서도 멋스런 상차림이 완성되지요.

디저트용 오븐그릇

양식당에 가면 따뜻하고 달콤한 디저트들이 담겨져 나오는 이 그릇을 아마 자주 보셨을 거예요. 가격도 비교적 저렴하고 오븐요리뿐만 아니라 1인분씩 샐러드, 디저트, 간식 등을 다양하게 담아 사용할 수 있어 실용적이랍니다.

케익접시

본래 용도가 케익을 올려놓는 접시지만 때에 따라 활용도가 높은 그릇이에요. 간단한 친목파티를 할 때 핑거푸드를 올려놓거나, 와인안주, 까나페, 치즈, 과일, 빵, 피자 등 국물이 흐르지 않는 음식이라면 무엇이든 올려 예쁘게 상차림을 할 수 있거든요.

3단 스탠드접시

3단으로 된 랙에 접시를 얹어 사용하는 3단 스탠드접시로 높이가 있고 화려해 보여 파티를 할 때 특히 유용하게 사용할 수 있어요. 쿠키, 컵케익, 과일, 케익, 빵, 떡 등 손으로 먹을 수 있는 핑거푸드라면 무엇이든 담아내도 어울리지요. 특히 스탠딩파티에 안성맞춤으로 친구들과의 연말파티나 아이 돌잔치 등에 활용해 보는 것도 추천해요.

2단 접시

쿠키, 작은 디저트, 포도같이 알이 작은 과일류 등을 담아낼 수 있는 2단 접시랍니다. 친구들과의 오후 티타임을 보다 센스 있게 만들어주는 데 단단히 한 몫 할 거예요.

`story-04` 숟가락, 컵, 저울로 간편하게 계량 끝!

이 책의 레시피는 주로 숟가락과 컵으로 계량을 했어요. 간장, 고추장, 소금 등 양념을 계량할 때는 숟가락을 사용하고, 국물이나 많은 양의 양념을 잴 때는 컵을 사용했지요. 고기나 생선류 같은 요리 주재료의 계량은 가능하면 저울을 사용하려고 했어요.

여러분도 저울 하나쯤 마련해 두면 아주 간편하면서도 정확하게 요리를 할 수 있답니다. 베이킹에는 필수적으로 사용하게 되니 전자저울 하나는 필히 장만하도록 하세요.

이 책을 보는 방법

재료 소개

주요 재료에 대해 알기 쉽고 편하게 알아 볼 수 있도록 나열했습니다. 이 책의 레시피는 주로 숟가락과 컵으로 계량을 했어요. 양념을 계량할 때는 숟가락을 사용하고, 국물이나 많은 양의 양념을 잴때는 컵을 사용했지요. 또한, 책에 실린 요리들은 2~4인분을 기준으로 만들었어요. 둘이 먹더라도 꼭 맞게 하는 경우가 드무니 둘이 먹고 조금 남는 정도의 양이랍니다.

Anne's style

음식은 만드는 것이 끝이 아닙니다. 앤키친은 요리도 스타일이라고 생각합니다. 정성스럽게 만든 음식의 맛을 더욱 돋우는 스타일을 소개하는 것이 이 책의 특징입니다. 다른 재료와 어우러져 멋을 내는 요리, 알록달록한 식기와 장식용 꽃 등 상황에 맞는 스타일 연출로 맛과 멋을 배가시키는 방법을 소개합니다.

요리 소개

음식은 작은 나눔의 마음에서 시작합니다. 소중한 가족에게 기쁨과 행복을 주며 삶을 빛나게 해줄 앤키친표 가족 요리를 소개합니다. 어떻게 하면 더 좋은 요리를 만들 수 있는지, 좋은 맛을 낼 수 있는지, 차림새는 어떤지 등 다양한 요리 이야기로 구성되어 있습니다.

요리 과정 소개

요리를 할 때 필요한 부분을 콕 집어내어 쉽고 간단하게 따라할 수 있도록 구성했습니다. 깔끔하고 명쾌한 설명의 레시피와 알기 쉬운 요리 장면 사진으로 초보주부라도 요리에 흥미를 느끼고 편하게 다가갈 수 있도록 만들었습니다.

매 . 일 . 먹 . 는 . 밥 . 상 . 도 . 나 . 만 . 의 . 감 . 각 . 을 . 담 . 아 .

Style 01

간단한 밥상차림

매일 먹는 국이나 반찬종류는 단 몇가지 만이라도 요리책을 보지 않고 머리속에서 레시피를 꺼내
바로 만들 수 있어야 해요. 워낙 재료나 조리법이 어렵지 않고 간단하기 때문에 몇 번만 반복적으로
해보면 몸이 저절로 기억하게 된답니다. 쉽게 차릴 수 있다고 해서 대충 차려서는 곤란해요. 아주
작은 차이가 전혀 다른 밥상을 만든답니다. 평범한 요리도 남보다 깔끔하고 정갈하게
차려내는 방법을 알려드릴게요.

고추장으로 만든 떡볶이가 길거리표 음식이라면 간장으로 맛을 낸 떡볶음은
궁궐표 요리라고 할 수 있어요. 그 만큼 맛과 모양 면에서 일반 떡볶이가 가질 수 없는
훨씬 고급스러운 느낌이 난답니다. 갖가지 색색의 재료를 곁들여 보세요.
보기에도 너무 먹음직스러운 궁중음식이 완성돼요.

궁중떡볶음

✽ Ready

가래떡 · · · · · · · · · · · · · · · 300g
가래떡 양념 간장 ½큰술+참기름 ½큰술
소고기 · · · · · · · · · · · · · · · 100g
소고기 양념 간장 ½큰술, 설탕 ¼큰술,
참기름 ⅓큰술, 다진 파 ½큰술, 다진 마늘
⅓큰술, 후추 약간
표고버섯 · · · · · · · · · · · · · · · 3개
표고버섯 양념 간장 ½큰술, 참기름 ½큰술
양파 · · · · · · · · · · · · · · · · · ½개
당근 · · · · · · · · · · · · · · · · · ¼개
파프리카 · · · · · · · · · · · · · · · ½개
피망 · · · · · · · · · · · · · · · · · ½개

양념
간장 · · · · · · · · · · · · · · · · · 2큰술
설탕 · · · · · · · · · · · · · · · · · ½큰술
다진 마늘 · · · · · · · · · · · · · · · ½큰술
물 · · · · · · · · · · · · · · · · · · 6큰술
참기름 · · · · · · · · · · · · · · · · ½큰술
소금 · · · · · · · · · · · · · · · · · 약간
후추 · · · · · · · · · · · · · · · · · 약간
통깨 · · · · · · · · · · · · · · · · · ½큰술

✽ Recipe

01 가래떡은 5~6cm 길이로 썬다.

02 썬 가래떡을 약간의 참기름과 간장에 버무려둔다.

03 당근, 양파, 피망, 파프리카는 가래떡 길이로 채썬다.

04 소고기와 표고버섯은 채 썰어 각각 소고기 양념과 표고버섯 양념에 버무려둔다.

05 달군 팬에 소고기를 볶다가 표고버섯과 양파, 당근, 파프리카, 피망을 넣고 볶아준다.

06 ⑤가 익으면 가래떡을 넣고 섞어둔 양념을 넣고 볶아준다.

낙지는 얼려두었다가 다른 자투리 재료만 있으면 금방 볶음을 만들 수 있어 편리해요.
다른 반찬이 필요 없는 한 그릇 요리가 되어주니까 저녁 준비에 바쁜 날
꼭 기억해 두어야 할 레시피에요.

낙지볶음

✳ Ready

낙지 · · · · · · · · · · · · · 2~3마리(500g)	
양파 · ½개	
당근 · ¼개	
쪽파 · 5뿌리	
홍고추 · · · · · · · · · · · · · · · · · · · 1개	
청고추 · · · · · · · · · · · · · · · · · · · 1개	

양념

고춧가루 · · · · · · · · · · 2큰술		설탕 · · · · · · · · · · · · · · 1큰술	
고추장 · · · · · · · · · · · · 2큰술		물 · · · · · · · · · · · · · · · · 4큰술	
다진 마늘 · · · · · · · · · · 2큰술		후추 · · · · · · · · · · · · · · · 약간	
청주 · · · · · · · · · · · · · · 1큰술		통깨 · · · · · · · · · · · · · · · ½큰술	
간장 · · · · · · · · · · · · · · 1큰술		참기름 · · · · · · · · · · · · · ½큰술	

✳ Recipe

01 낙지는 내장을 제거하고 밀가루를 뿌려 주무르며 깨끗이 씻어 준비한다.

02 손질한 낙지는 끓는 물에 살짝 데쳐 먹기 좋은 크기로 썬다.

03 양파, 당근, 쪽파, 홍고추, 청고추도 먹기 좋게 썰어 준비한 후 팬에 양념과 쪽파를 제외한 채소를 넣고 볶아준다.

04 ③이 볶아지면 데친 낙지와 쪽파를 넣어 골고루 볶아준다.

Anne's Style

먹기 좋은 크기의 낙지, 매콤한 빨강에 물들다

낙지는 질긴 식감이 느껴지기 때문에 먹었을 때 부담이 되지 않도록 3~5cm 정도의 작은 한입 크기로 잘라주세요. 주로 입맛이 없거나 매운 음식이 당기는 날 먹게 되는 요리이기 때문에 최대한 맛깔스러운 빨간색 요리로 만들어 주는 게 좋아요. 아주 강한 매운맛이 필요하다면 청양고추로 매콤함을 더해 주세요.

닭볶음탕은 만들어 두면 금세 동이 날 정도로 남녀노소 할 것 없이 인기가 좋은 메뉴예요.
뭔가 특별하지만 거하지 않은 음식이 없을까 고민하고 있다면
주저하지 말고 선택해주세요.

KITCHEN 한 냄비 뚝딱
닭볶음탕

❋ Ready

닭	1kg	다진 마늘	1큰술	고춧가루	2½큰술
감자	中 3개	마른 고추	1~2개	청주	2큰술
양파	1개			물	1½컵
대파	2뿌리	**양념**		후추	약간
당근	小 ½개	간장	7큰술		
생강	1톨	설탕	1½큰술		

❋ Recipe

01 감자와 당근은 밤 크기로 썰어 준비하고, 양파와 대파도 손질해 놓는다.

02 닭은 찜용으로 준비해 칼집을 내어 손질한 후 끓는 물에 한번 삶아 건져 놓는다.

03 바닥이 두툼한 냄비에 삶아 놓은 닭과 손질한 ①의 재료, 마른고추, 양념, 뜨거운 물을 붓고 강불에서 끓이다가 중불에서 15분 정도 더 끓여 완성한다.

Anne's Style

재료의 모양을 동글동글 먹음직스럽게 통일하다

감자와 당근도 모서리를 다듬어 동글동글하고 큼직하게 넣어 주면 부스러기가 없어 국물이 깔끔할 뿐아니라 요리를 완성했을 때 씹히는 식감도 적당하고 전체적인 어울림도 좋아져요. 누구나 좋아할만한 맛도 맛이지만 모양이 제대로 살아야 진정한 닭볶음탕이라고 할 수 있지요.

돼지고기와 두부, 야채까지 여러 가지 재료가 고루 들어가는 덮밥이기 때문에 맛뿐 아니라
영양면에서도 한 그릇, 한 끼 식사로 적당한 요리에요. 매일 똑같은 비빔밥이나 김치볶음밥보다
정성스레 차려낸 느낌으로 먹을 수 있는 메뉴랍니다.

마파두부덮밥

✳ Ready

두부	$\frac{1}{2}$모	마늘	3톨	두반장	2큰술
다진 돼지고기	100g	생강	1톨	간장	1큰술
청고추	$\frac{1}{2}$개	닭육수	$1\frac{1}{2}$컵	녹말	1큰술
홍고추	$\frac{1}{2}$개	설탕	$\frac{1}{2}$큰술	고추기름	1큰술
대파	$\frac{1}{2}$뿌리	청주	1큰술	참기름	1큰술

✳ Recipe

OI 고추는 입자가 있게 다지고 대파, 마늘, 생강은 채썰어 준비한다.

02 두부는 사방 1cm 정도로 썰어 끓는 물에 살짝 데친다.

03 달궈진 팬에 고추기름을 두르고 마늘, 대파, 생강, 고추를 넣고 볶다가 간장, 청주를 넣은 후 다진 돼지고기를 넣어 볶아준다.

고추기름 만드는 법은 56쪽을 참고하세요

04 ③에 두반장과 설탕을 넣고 볶다가 닭육수와 두부를 넣고 바글바글 끓인다. 녹말을 넣고 농도를 맞춘 후 참기름을 넣어 완성한다.

Anne's Style

아기자기한 재료들이 눈과 입이 즐거워지는 합창을 하다

두부는 작은 크기로 썰어서 밥과 비벼 먹기 편하게 넣어 주는 게 좋아요. 다른 재료들도 잘게 다져서 넣기 때문에 눈으로 보았을 때도 아기자기하게 어울려요. 밥과 함께 비비기 쉽고 먹기 편하도록 넓은 볼에 담아내고 작은 그릇을 준비해 조금씩 덜어내 먹으면 훨씬 깔끔하지요.

고기를 구워 먹을 때 으레 먹게 되는 쌈채소는 사실 여러가지 재료들과 환상의 궁합을 자랑한답니다.
그냥 밥과 된장을 넣어 싸 먹어도 되고 다양한 육류를 조리해 싸 먹어도 잘 어울려요.
그 중에서도 뼈를 발라낸 닭고기는 쌈채소와 먹으면 그 맛이 더욱 좋아지는 요리에요.

쌈채소와 뼈없는 닭구이

✱ Ready

닭정육 · · · · · · · · · · · · · · · · 500g	고추장 · · · · · · · · · · · · · · · 2큰술	참기름 · · · · · · · · · · · · · · · 1큰술
유기농 쌈채소 · · · · · · · · · 적당량	고춧가루 · · · · · · · · · · · · · 1큰술	다진 마늘 · · · · · · · · · · · · · 1큰술
	설탕 · · · · · · · · · · · · · · · · · 1큰술	다진 생강 · · · · · · · · · · · · · $\frac{1}{2}$큰술
양념	청주 · · · · · · · · · · · · · · · · · 2큰술	다진 파 · · · · · · · · · · · · · · · 2큰술
간장 · · · · · · · · · · · · · · · · · 2큰술	후추 · · · · · · · · · · · · · · · · · 약간	양파즙 · · · · · · · · · · · · · · · 2큰술

✱ Recipe

01 양념은 분량대로 섞어놓는다.

02 닭고기는 뼈 없는 고기로 준비하여 양념에 재운 후 반나절 이상 냉장고에 넣어둔다.

03 달궈진 팬에 재워놓은 고기를 넣고 알맞게 지져낸다. 유기농 쌈채소를 곁들여 낸다.

Anne's Style

파릇파릇한 자연의 향기에 취하다

닭고기가 없더라도 다양한 재료와 쌈요리에 어울리는 유기농 채소는 식탁에 한 번씩 올리기 좋은 재료예요. 요즘은 유기농 채소를 대형마트나 전문 식료품점에서 손쉽게 구할 수 있으니, 되도록 몸에 좋은 유기농 채소를 이용하세요. 싱싱한 재료를 먹을 만큼만 사서 남김 없이 그때그때 먹어주는 게 더욱 경제적이랍니다.

멸치만 볶아도 맛은 훌륭하지만 여기에 견과류를 넣어주면 더욱 고소한 맛을 낼 수 있어요.
영양가도 더욱 풍부해져서 아이들 반찬으로 아주 좋지요. 달달하게 볶아 놓으면
매일 매일 먹어도 질리지 않는 인기 반찬이 돼요.

멸치 견과류 볶음

✲ Ready

볶음멸치 · 100g	**양념**	
호두, 호박씨, 잣 · · · · · · · · · 2큰술씩	간장 · · · · · · · · · · · · · · · · · · 1큰술
청주 · 2큰술	설탕 · · · · · · · · · · · · · · · · · · 1큰술
	물 · 2큰술
	물엿 · · · · · · · · · · · · · · · · · · 1큰술

✲ Recipe

01 멸치는 달궈진 팬에 넣고 수분이 없어지게 볶다가 청주를 넣어 다시 한 번 볶아 꺼내 놓는다.

02 견과류도 마른 팬에 넣어 볶아 꺼내 놓는다.

03 팬에 간장, 설탕, 물엿, 물을 넣어 약불에서 끓인다.

완성되면 넓은 접시에 멸치를 잘 펴서 식힌 후 보관용기에 담아 주세요

04 달궈진 팬에 오일 1큰술을 두르고 멸치, 견과류를 넣어 볶다가 끓여 놓은 ③의 양념을 넣어 잘 볶는다.

Anne's Style

간단한 반찬도 근사한 그릇에 맛깔나게 담아내다

반찬을 식탁에 낼 때에 보관용기 채로 내거나 밋밋한 접시에 성의 없이 내면 왠지 맛없어 보이기 마련이에요. 특히 오래 두고 먹는 마른 반찬의 경우에는 시간이 지날수록 젓가락이 덜 가게 되잖아요. 먹을 때마다 새로 한 것처럼 예쁜 그릇에 먹음직스럽게 담고 깨도 솔솔 뿌려주면 처음처럼 맛있게 먹을 수 있어요.

한 번 해두면 두고두고 밥반찬 역할을 톡톡히 하는 요리예요. 꽈리고추 특유의 맛이 입맛 없고 텁텁할 때 적당하게 식감을 돌게 하거든요. 다른 밑반찬에 비해 흔하지 않으면서도 간단하게 만들 수 있기 때문에 뚝딱 만들어 이웃이나 친구들과 나눠먹으면 좋아요.

꽈리고추찜

❋ Ready

꽈리고추	200g		
밀가루	4큰술		
굵은 소금	1큰술		
물	2컵		

양념

간장	3큰술	통깨	$\frac{1}{2}$큰술
고춧가루	1큰술	다진 마늘	$\frac{1}{2}$큰술
설탕	$\frac{1}{2}$큰술	다진 파	1큰술
참기름	1큰술		

❋ Recipe

OI 꽈리고추는 꼭지를 떼고 이쑤시개로 구멍을 내어 소금 물에 절인다.

02 절여진 꽈리고추를 헹군 뒤 볼에 분량의 밀가루를 넣고 버무린다.

03 열이 오른 찜통에 밀가루를 묻혀놓은 꽈리고추를 찐다.

04 쪄낸 꽈리고추에 양념을 넣어 버무려 완성한다.

Anne's Style

짜지도 싱겁지도 않게 고추에 양념옷을 입혀 주다

꽈리고추찜은 매우 간단한 요리라 재료도 복잡하지 않아요. 적당하게 버무려 간만 잘 맞춰주면 영양소 파괴도 적고 꽈리고추 본연의 모양과 맛이 그대로 음식의 모양과 맛을 결정해요. 먹을 때는 적당하게 덜어 투박한 질그릇 등에 담아내면 한결 먹음직스러워요.

된장의 구수한 맛을 한 단계 업그레이드한 강된장의 힘은 없던 입맛도 되살아날 만큼 엄청나지요.
강된장 한 숟가락이면 밥 한 공기는 눈 깜짝할 새 없어져요.
쌈채소를 준비해서 함께 싸 먹으면 다른 반찬이 필요 없어요.

강된장

✳ Ready

소고기 · · · · · · · · · · · · · 50g	물 · · · · · · · · · · · · · · 1컵	다진 파 · · · · · · · · · · · 1큰술
소고기 양념 간장 ½큰술, 다진 파 ½큰술,	쌈채소 · · · · · · · · · · · · 적당량	다진 마늘 · · · · · · · · · · ½큰술
다진 마늘 ½큰술, 참기름 · 후춧가루 약간씩		참기름 · · · · · · · · · · · · 2큰술
표고버섯 · · · · · · · · · · · · 3개	**양념된장**	후춧가루, 통깨 · · · · · · · · · 약간
표고버섯 양념 간장 ½큰술, 설탕 ½큰술	된장 · · · · · · · · · · · · · 3큰술	청주 · · · · · · · · · · · · · 1큰술
홍고추 · · · · · · · · · · · · · 2개	꿀 · · · · · · · · · · · · · · 1큰술	
청고추 · · · · · · · · · · · · · 2개	설탕 · · · · · · · · · · · · · ½큰술	

✳ Recipe

01 소고기와 불린 표고버섯은 채썰어 각각 분량의 양념을 섞어 놓는다. 홍고추, 청고추는 모양대로 동그랗게 썰어 씨를 털어낸다.

02 양념된장 재료를 분량대로 넣어 섞어 놓는다.

03 뚝배기에 양념된장, 소고기, 표고버섯, 고추를 번갈아 올려준다.

04 ③에 물 1컵을 넣고 자작하게 졸여낸다.

Anne's Style

홍색, 청색으로 모양내고 자작자작 졸여낸다

밥에 비벼 먹기 좋은 정도로 국물이 거의 없도록 자작하게 졸여내는 것이 포인트예요. 맛이 짜기 때문에 밥에 적은 양만 넣고 비벼도 되고 쌈채소에 약간 넣어 싸먹어도 되지요. 토속음식이기 때문에 담아내는 그릇도 토속적인 작은 옹기를 사용해 보세요.

보기만 해도 침이 고이고 매콤한 향이 코끝에 맴돌아요. 갈치는 밀가루를 묻혀 튀겨도 맛있고 조림을 하면 담백함과 매콤함이 잘 조화를 이뤄 또 다른 맛을 낼 수 있어요. 손질한 갈치를 먹기 좋은 크기로 토막 내어 냉동실에 하나씩 랩으로 싸서 얼려두면 언제든지 꺼내 먹기 편해요.

갈치조림

✱ Ready

갈치	1마리(500~600g)
무	300g
대파	1뿌리
다진 마늘	1큰술
홍고추	1개
청양고추	1개
물	3컵

양념

간장	4큰술
고춧가루	2큰술
설탕	$\frac{1}{2}$큰술
후추	약간

✱ Recipe

01 무는 큼직하게 썰고, 대파, 홍고추, 청양고추는 어슷썰기 한다.

02 갈치는 먹기 좋게 토막 내어 비늘을 긁고 지느러미를 손질한다.

03 조림냄비에 물 3컵을 넣고 손질한 무가 살짝 익을 때까지 끓인다.

04 ③의 냄비에 양념을 모두 넣고 바글바글 끓어오르면 갈치와 ①의 나머지 채소를 넣어 조려낸다.

Anne's Style

적당하게 익히고 적당하게 양념한다

모든 재료를 한꺼번에 넣으면 서로 익는 속도가 다르기 때문에 요리가 맛이 없어요. 무는 오래 익혀야 하니까 먼저 넣어 익히고, 갈치는 너무 익어 살이 부서지지 않도록 나중에 넣어야 해요. 무를 제외한 채소들도 아삭한 식감이 유지될 수 있도록 나중에 넣어야 완성도 높은 요리가 만들어진답니다.

고등어를 굽거나 무와 함께 조리는 요리에 싫증이 난다면 김치와 함께 찜요리에 도전해 보세요.
기름기가 많은 고등어는 조림을 하면 자칫 느끼한 맛이 날 수도 있는데, 여기에 매콤한 김치가 들어가면
느끼한 맛이 줄고, 김치 특유의 칼칼한 맛이 담백한 고등어의 속살과 잘 어울려요.

고등어김치찜

✳ Ready

김치 · · · · · · · · · · · ¼포기	홍고추 · · · · · · · · · · 1개	**양념**
고등어 · · · · · 1마리(조림용 4토막)	포도씨유 · · · · · · · · 1큰술	고춧가루 · · · · · · · · · 1큰술
대파 · · · · · · · · · · · 1뿌리	물 · · · · · · · · · · · 2컵	간장 · · · · · · · · · · · 2큰술
다진 마늘 · · · · · · · · · 1큰술		설탕 · · · · · · · · · · ½큰술
미소된장 · · · · · · · · · ½큰술		후추 · · · · · · · · · · · 약간
청주 · · · · · · · · · · · 2큰술		

✳ Recipe

01 김치는 묵은 김치로 준비해 물에 담가서 고춧가루를 털어낸 후 먹기 좋게 썬다. 대파, 홍고추도 알맞게 썰어 둔다.

02 고등어는 조림용으로 준비해 소금물에 담가 두었다가 깨끗이 씻어 체에 밭쳐 물기를 빼둔다.

03 바닥이 두툼한 냄비에 포도씨유 1큰술을 두르고 썰어 놓은 김치와 미소된장을 넣어 볶는다.

04 ③에 물을 붓고 바글바글 끓어오르면 양념을 모두 넣고 고등어와 다진 마늘, 대파, 홍고추를 넣어 조려준다.

Anne's Style

고등어의 밋밋함에 김치가 간을 해준다
살을 발라먹기 좋도록 너무 크지 않게 고등어를 토막 내주세요. 김치는 쭉쭉 한 줄로 얇게 찢어서 곁들여 주면 한결 먹기 편하고 먹는 동안 지저분해 지지도 않지요. 김치가 곁들여 있으니까 맛에도 간이 되지만 눈으로 보기에도 훌륭한 간이 된답니다.

우리가 흔히 말하는 제육볶음이에요. 제육볶음은 두 가지로 맛을 낼 수 있는데
고추장을 넣느냐 간장을 넣느냐에 따라 맛도 모양도 달라지지요. 간장볶음은 부담 없이 먹을 수 있는 반면
고추장볶음은 입맛을 돋우거나 매콤한 음식이 당길 때 제격이에요.

제육매운양념구이

✳ Ready

돼지고기(제육용 목살)	400g
양파	½개
대파	1뿌리
홍고추	1개
깻잎	적당량

양념

고추장	1½큰술	설탕	1큰술
고춧가루	1큰술	청주	2큰술
다진 생강	½큰술	후추	약간
다진 마늘	1큰술	참기름	1큰술
간장	2큰술		

✳ Recipe

01 양념은 분량대로 섞어둔다.

02 양념에 돼지고기, 양파, 대파, 홍고추를 썰어 넣고 반나절 냉장고에 재워 놓는다.

03 달궈진 팬에 재워놓은 고기를 넣고 지져 낸다.

Anne's Style

음식의 이름에도 맛을 살리는 법칙이 숨어 있다

여러 가지 이름으로 불리는 요리지만 저는 제 식대로 제육매운양념구이라고 불러요. 똑같은 요리라도 같은 맛이 날지언정 붙이는 이름에 따라 먹는 느낌과 기분은 또 달라져요. 매운 맛이라는 것을 강조하고 흔하디흔한 제육볶음보다는 제육구이라고 이름을 붙여놓으면 뭔가 더 특별한 요리인 것처럼 보인답니다.

다들 너무나 잘 알고 있고 자주 해 먹는 잔치국수에요. 갑자기 많은 손님이 오거나
딱히 다른 재료가 없어서 고민일 때 빠르고 간단하게 낼 수 있는 요리지요.
혼자 먹을 때나 간단한 점심으로 때우기에도 국수만한 것이 없죠.

호박고명소면

✳ Ready

소면	150g	고춧가루	⅓큰술	마늘	5톨
애호박	½개	구운 김	약간	물	8컵
양파	⅓개			청양고추	1개
다진 마늘	⅓큰술	**육수**		국간장	1½큰술
대파	¼뿌리	국물멸치	15개	소금	⅓큰술
소금	약간	대파	1뿌리		

✳ Recipe

01 냄비에 분량의 물과 멸치, 대파, 마늘을 넣어 우려낸 후 대파와 멸치를 꺼낸다. 여기에 국간장, 청양고추를 썰어 넣고 한소끔 끓인 후 소금으로 간해 육수를 완성한다.

02 애호박은 채썰어 소금을 넣어 절이고, 양파와 대파도 채 썬다.

03 달궈진 팬에 애호박과 양파, 대파, 다진 마늘을 넣어 볶다가 고춧가루를 넣어 마저 볶는다.

볼에 소면과 육수를 넣고 고명과 김을 얹어낸다.

Anne's Style

정성스럽게 올린 고명 하나에 국수의 레벨이 올라간다

같은 잔치국수라도 각각의 재료를 조리하는 방법에 따라서 맛이 달라질 수 있어요. 모든 재료를 한데 넣고 팔팔 끓여내는 조리법도 물론 나름대로 맛이 있지만, 고명은 고명대로 따로 곁들여 주면 고명의 맛을 살리면서도 국물 맛을 해치지 않아 좀 더 깔끔한 맛을 낼 수 있지요. 그릇에 담아내었을 때에도 보기 좋고 손님상에 대접하는 요리로도 크게 빠지지 않지요.

술안주로 치면 단연 0순위에 꼽히는 요리에요. 물론 밥반찬으로 내어도 인기 만점이죠.
꼬들꼬들 씹히는 식감이 좋은 골뱅이와 새콤한 양념이 잘 어울려서
일단 만들었다하면 금세 동나버려요.

골뱅이무침

❋ Ready

골뱅이 · · · · · · · · · · · · · · · · 1캔	**양념**	
오이 · · · · · · · · · · · · · · · · · 1개	골뱅이국물 · · · · · · · · · · · · · 4큰술	통깨 · · · · · · · · · · · · · · · 약간
대파 · · · · · · · · · · · · · · · · 1뿌리	고춧가루 · · · · · · · · · · · · · · 2큰술	다진 마늘 · · · · · · · · · · · · 1큰술
양파 · · · · · · · · · · · · · · · · · ½개	고추장 · · · · · · · · · · · · · · · 1큰술	참기름 · · · · · · · · · · · · · · 1큰술
풋고추 · · · · · · · · · · · · · · · · 1개	설탕 · · · · · · · · · · · · · · · · 2큰술	
쥐포 · · · · · · · · · · · · · · · · · 1개	식초 · · · · · · · · · · · · · · · · 3큰술	
소면 · · · · · · · · · · · · 100~150g	소금 · · · · · · · · · · · · · · · · 약간	

❋ Recipe

OI 오이는 씨를 빼고 얇게 썬다.

02 양파와 대파는 얇게 채썰어 물에 담가 매운 기를 없애고, 풋고추도 얇게 채썰어 준비한다.

03 쥐포도 구워 가위로 채썰어 준비한다.

04 ①과 ②의 채소, 골뱅이와 쥐포, 삶은 소면을 모두 볼에 넣고 양념을 넣어 잘 무쳐낸다.

Anne's Style

반찬에서 술안주로, 요리조리 변신한다
밥상에 두 번 올리기 애매한 요리이기 때문에 해 놓고 남은 요리나 먹다가 남은 요리는 밤에 술안주로 이용하면 좋아요. 골뱅이를 핑계로 술 한 잔 기울이며 채소의 아삭아삭한 식감이 사라지기 전에 남은 골뱅이는 그 날 모두 먹도록 하세요.

오징어는 참 여러모로 이용할 곳이 많은 재료예요. 찌개를 끓이면 시원하고 전을 부쳐 먹으면 담백하죠.
이렇게 무침을 하면 또 새콤한 맛이 일품이에요. 금방 사온 오징어는 냉동보관하기 전 생물 상태에서
우선 이렇게 무침으로 요리해 보세요.

오징어무침

✽ Ready

오징어	1마리
오이	1개
쪽파	4뿌리
양파	½개

양념

고춧가루	2큰술
고추장	1큰술
설탕	1큰술
식초	2큰술
소금	약간
통깨	약간
다진 마늘	½큰술
참기름	1큰술

✽ Recipe

01 오이는 4~5cm길이로 썰어 소금물에 살짝 절여 준비해 놓는다.

02 양파는 도톰하게 채썰고, 쪽파는 3~4cm길이로 썰어둔다.

03 오징어는 손질해 종이타월을 이용해 껍질을 벗긴다.

04 껍질 벗긴 오징어를 끓는 물에 살짝 데친다.

05 오징어의 물기를 뺀 후 길게 반을 갈라 1cm 굵기로 썬다.

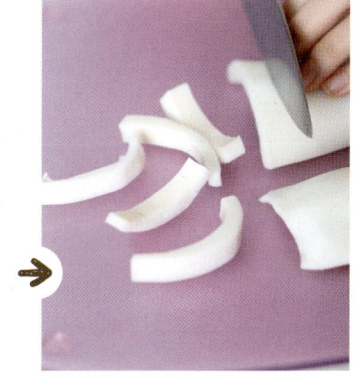

06 준비한 오징어와 채소를 함께 넣고 양념에 무쳐낸다.

Anne's Style

신선한 재료의 모양을 최대한 살려서 요리한다

주재료인 오징어와 오이, 양파의 모양을 비슷하게 썰어서 무침을 해주면 먹기도 편하고 보기에도 좋아요. 조리법이 간단하기 때문에 재료의 모양 자체가 요리의 풍미를 결정한답니다.

호박과 새우는 참 잘 어울리는 재료랍니다. 특히 밋밋한 맛의 호박과 짭조름한 새우젓은
서로의 부족한 점을 채워주며 음식의 맛을 완성시켜줘요. 이 두 재료를 볶아서 반찬으로 내면
별 것 아니지만 꽤 특별한 반찬으로 보일 수 있답니다.

호박새우젓볶음

✽ Ready

애호박 · · · · · · · · · · · · · · · · · · 1개
양파 · ½개
대파 · · · · · · · · · · · · · · · · · · · ⅓뿌리
다진 마늘 · · · · · · · · · · · · · · ½큰술

새우젓 · · · · · · · · · · · · · · · · · 1큰술
고춧가루 · · · · · · · · · · · · · · · ½큰술
오일 · · · · · · · · · · · · · · · · · · · 1큰술

✽ Recipe

OI 호박은 길게 4등분한 후 도톰한 두께로 썬다.

02 양파와 대파는 1~2cm 크기로 썰어 준비한다.

03 냄비에 올리브유를 두르고 호박을 넣고 새우젓 1큰술을 넣어 볶는다.

04 ③에 양파와 대파, 다진 마늘, 고춧가루를 넣어 고루 섞어 준 후 뚜껑을 덮고 호박이 어느 정도 익을 때까지 익혀 완성한다.

Anne's Style

호박볶음에는 소금이 필요 없다

모든 요리에 소금을 일상적으로 쓰기 마련인데, 호박을 볶을 때 새우젓을 이용하면 소금을 넣을 필요가 없지요. 다만 새우젓은 국물이 얼마나 들어가느냐에 따라 짠맛의 농도가 달라질 수 있기 때문에 소금과는 달리 간을 보면서 적당하게 넣어주는 지혜가 필요해요.

김치를 사 먹거나 얻어먹는 경우가 많다고 하더라도 겉절이 담그는 법쯤은 알아두는 게 좋아요.
김장김치와는 다르게 겉절이는 그때그때 만들어서 바로 먹는 맛이 좋고 신선한 식감이 다른 재료와 곁들여 먹어도
잘 어울릴 뿐 아니라 김치 하나로도 밥을 먹을 수 있을 만큼 입맛을 돋워 주거든요.

알배추겉절이

✳ Ready

알배추	1통(700g)	**양념**			
쪽파	15뿌리	다진 마늘	2큰술	설탕	1½큰술
홍고추	2개	다진 생강	1큰술	참기름	1큰술
굵은 소금	1컵	고춧가루	5큰술	양파즙	4큰술
		까나리액젓	3½큰술	통깨	1큰술

＊**알배추** : 배추 속의 노란 어린 잎 부분

✳ Recipe

OI 배추는 잎을 떼어 손질하고 소금을 뿌려 1시간 정도 절인다.

02 절여진 배추는 찬물에 헹궈 체에 밭쳐 물기를 뺀다.

03 쪽파와 홍고추는 3~4cm로 썰어 준비하고 양념은 모두 섞어 둔다.

04 배추와 쪽파, 고추를 양념과 골고루 섞어 겉절이를 완성한다.

Anne's Style

나만의 손맛이 맛깔스러운 겉절이를 만든다

겉절이는 꼭 알아두고 활용하면 좋을 레시피라고 생각해요. 잘 만든 겉절이 하나면 남편의 입맛은 반은 잡았다고 볼 수 있거든요. 아삭함이 살아 있는 신선한 배추를 골라서 레시피 대로 몇 번 예행연습을 하다보면 가족들이 맛있다고 감탄하게 만드는 나만의 손맛을 찾을 수 있을 거예요.

부추와 모시조개는 영양가가 가득가득 담겨 있어 가족 건강을 위해서도 좋은 재료이지요.
부추로는 전을 해 먹거나 무침을 해 먹고, 모시조개만 으로 맑은 국을 끓여도 물론 맛있지만
좋은 재료가 된장과 만나면 훨씬 더 풍부하고 깊은 맛을 내요.

영양부추 모시조개된장국

✳ Ready

영양부추	100g	청양고추	1개
두부	½모	된장	2큰술
모시조개	1봉(200g)	다시마 우린 물	5컵
대파	½뿌리	국간장	약간
홍고추	1개		

✳ Recipe

01 냄비에 다시마 우린 물을 붓고 된장을 체에 걸러 풀어 넣는다.

02 ①에 모시조개를 넣어 끓이다가 고추와 대파를 넣어 한소끔 더 끓인다.

03 ②에 두부와 부추를 넣어 보글보글 끓이다가 국간장으로 간을 맞춘다.

Anne's Style

입을 벌린 모시조개와 파릇파릇한 부추의 조화가 맛스럽다

모시조개는 푹 끓여서 입을 쫙 벌리고 하얀 속살을 드러내도록 하고 부추는 나중에 넣어서 푸른 기운이 가시지 않도록 해 주는 것이 요리를 더욱 맛있고 예쁘게 만들지요. 여러 가지 재료를 한데 넣고 끓이는 한식요리지만 약간만 신경을 쓰면 충분히 모양도 신경 쓴 정성스러운 요리로 보일 수 있답니다.

매콤한 순두부가 너무 먹고 싶어지는 그런 날이 있어요. 비가 부슬부슬 내리거나
찬바람이 옷깃에 스며들 무렵이 그래요. 깊은 맛의 국물과 함께 부드러운 순두부를 숟가락으로 살포시 떠서
따끈하게 갓 지은 밥과 함께 먹으면 입안에서 살살 녹지요.

부드럽고 얼큰한

굴바지락순두부찌개

✳ Ready

굴	150g	고춧가루	1큰술
바지락	1봉(200g)	새우젓	1큰술
순두부	1봉(400g)	포도씨유	1큰술
대파	½개	물	2컵
다진 마늘	½큰술		

✳ Recipe

01 굴과 바지락은 씻어 체에 건져 물기를 빼 놓고, 대파는 썰어 놓는다.

02 냄비에 포도씨유 1큰술과 고춧가루 1큰술을 볶아 고추기름을 만든 후 바지락을 넣어 볶다가 물을 넣고 바지락 입이 벌어질 때까지 끓여준다.

03 ②가 끓어오르면 대파와 다진 마늘을 넣고 한소끔 끓여준 후 분량의 굴을 넣고 새우젓 1큰술로 간해준다.

04 ③이 끓어오르면 순두부 1봉을 넣고 강불에서 2~3분가량 끓여주고 한소끔 끓여 완성한다.

Anne's Style

음식점 요리처럼 흐트러짐 없이 그대로 멈춰라

찌개를 끓이다보면 막상 상에 내었을 때 너무 휘저어서 재료가 부서져 버리는 경우가 많아요. 눈으로 보았을 때도 먹고 싶은 요리가 되려면 음식점에서 나오듯이 재료가 그대로 찌개 안에 살아 있는 듯 조리하는 게 중요해요. 너무 오래 끓이거나 계속 끓였다 식혔다를 반복하지 말고 조리된 요리의 불을 잠시 꺼 두었다가 먹기 직전에 한소끔 다시 끓여 식탁에 내도록 하세요.

국물요리에 굴이 들어가면 시원한 맛이 일품이에요. 새우젓으로 간을 하면
좀 더 개운한 맛을 낼 수 있지요. 고춧가루가 들어가지 않아 자극적이지 않은
맑은 찌개로 뱃속을 따끈하게 데우고 싶을 때 만들어 보세요.

굴새우젓찌개

✳ Ready

굴 · · · · · · · · · · · · · · · · 1팩(150g)		새우젓 · · · · · · · · · · · · · · 1큰술	
두부 · · · · · · · · · · · · · · · · ½모		물 · · · · · · · · · · · · · · · · · 3컵	
마늘 · · · · · · · · · · · · · · · · 3쪽		참기름 · · · · · · · · · · · · · · ½큰술	
대파 · · · · · · · · · · · · · · · · ½개			
홍고추 · · · · · · · · · · · · · · · ½개			

✳ Recipe

01 굴은 씻어 체에 밭쳐 놓는다.

02 두부는 사방 2cm 크기로 썰고, 대파와 고추, 마늘도 찌개에 넣기 좋게 썬다.

03 냄비에 물 3컵을 넣어 끓어오르면 대파, 마늘, 고추를 넣고 한소끔 끓이다가 굴을 넣어 한 번 더 끓인다.

04 ③에 두부를 넣고 새우젓을 1큰술 넣어 간을 한 후 한소끔 더 끓이고, 마지막으로 참기름을 넣어 완성한다.

Anne's Style

따끈하고 시원한 맛이 답답한 속을 풀어준다

우리는 흔히 얼큰한 국물을 마셔야 속이 뻥 뚫린다는 생각을 하죠. 하지만 매운 국물은 먹을 때는 시원한 것 같아도 텁텁한 뒷맛이 남아요. 굴이 들어간 맑은 국물은 먹을 때는 따끈함과 편안함을 느끼게 해주고 뒷맛은 개운해서 속풀이에 훨씬 더 효과가 좋답니다.

된장찌개는 가장 많이 만들어 먹는 찌개이긴 하지만 맛을 내기가 쉽지 않다고들 해요.
같은 재료를 가지고 같은 레시피 대로 요리를 해도 맛은 다 제각각으로 나오거든요.
된장찌개의 생명은 역시 된장이에요. 맛있는 재래식 된장을 공수해서
시판된장과 함께 섞어 먹으면 구수한 맛이 나지요.

KITCHEN 구수함을 담은
된장찌개

❋ Ready

된장	1½큰술	두부	¼모
멸치	5개	양파	⅓개
다시마 우린 물	2½컵	대파	½개
애호박	⅓개	홍고추	1개
마른표고버섯	2개	청양고추	1개

❋ Recipe

01 냄비에 다시마 우린 물과 손질한 멸치를 넣고 국물을 우린다.

02 멸치육수에 된장을 풀어 끓여준다.

03 ②가 끓어오르면 썰어놓은 양파, 애호박을 먼저 넣고 끓이다 대파, 고추, 버섯을 넣고 끓인다. 끓어오르면 두부를 넣고 한소끔 끓여 완성한다.

Anne's Style

좋은 된장으로 맛을 내고 재료가 무르지 않게 끓인다

가장 최상의 스타일링은 바로 재료의 맛과 모양이 살아 있는 요리겠죠? 된장찌개 맛의 99%는 좋은 된장에서 비롯되고, 나머지 1%는 안에 들어가는 다른 재료들이 너무 익지도 덜 익지도 않게 끓이는 것으로 정해진답니다. 재료가 다 퍼져버린 된장찌개는 모양도 살지 않고 왠지 맛도 덜해 지는 것 같아요.

바다와 땅의 시원한 재료가 하나로 모인 국물요리예요. 해감해서 얼려둔 모시조개만 있으면
콩나물을 다듬어 빨리 끓여낼 수 있답니다. 누구나 시원한 국물 맛을 낼 수 있는 이유는
바로 두 재료가 가진 시원한 국물 맛 때문이지요.

모시조개콩나물맑은찌개

❋ Ready

모시조개	1봉(200g)	홍고추	1개
콩나물	200g	청양고추	1개
다진 마늘	½큰술	새우젓	1큰술
대파	½뿌리	물	4컵

❋ Recipe

01 콩나물은 손질하고 모시조개는 해감 후 깨끗이 씻어 준비한다. 대파, 홍고추, 청양고추도 썰어 놓는다.

02 냄비에 콩나물, 모시조개, 물을 담고 끓인다.

03 모시조개가 입이 벌어질 때까지 끓여준다.

04 ③이 끓어오르면 마늘, 고추, 파를 넣고 새우젓 1큰술을 넣어 간을 해 한소끔 끓여준다.

Anne's Style

국물요리는 커다란 그릇에 양껏 담아 후루룩 한 사발 들이킨다

많이 먹어도 크게 부담이 없는 국물요리는 작은 국그릇 보다는 약간 깊이감 있는 질그릇에 담아보세요. 곁들이는 국으로 먹는 것보다 메인요리처럼 찌개로 먹는 것이 훨씬 먹음직스럽거든요.

홍합살 발라먹는 재미에 밥 먹는 건 제쳐둘 정도로 맛 좋은 요리에요.
냄비에 수북하게 끓여서 살을 발라 먹고, 시원한 국물까지 곁들이는 맛은 그 어떤 일품요리도 부럽지 않아요.
간단하게 만들 수 있으니까 가족들의 단란한 저녁식사로 제격이에요.

홍합탕

✳ Ready

홍합 ·················· 1팩(500g)	청주 ·················· 2큰술
다진 마늘 ················· 1큰술	다시마육수 ················· 5컵
대파 ··················· 1뿌리	소금 ··················· 약간
홍고추 ·················· ½개	후추 ··················· 약간
청양고추 ················· ½개	

✳ Recipe

OI 대파와 고추는 너무 크지 않게 썬다.

02 홍합은 수염 없이 깨끗이 씻어 준비한다.

03 냄비에 다시마 육수와 홍합을 넣고 강불에서 팔팔 끓이다가 청주를 넣고 한번 더 끓인다.

04 ③이 끓어오르면 대파, 마늘, 고추를 넣고 한소끔 더 끓여 거품을 깨끗이 제거한 후 소금과 후추로 간하여 완성한다.

Anne's Style

외식 요리 같은 느낌으로 가끔은 특별한 저녁을 준비한다

홍합탕을 그냥 평범한 냄비에 끓여내기보다는 가끔은 특별하게 샤브샤브용 냄비를 이용해 보세요. 야외용 버너 등에 올려서 보글보글 끓여가며 먹는 맛도 참 색다르답니다. 작은 차이로 외식의 즐거움까지 집에서 느껴볼 수 있어요.

과음한 다음날 남편에게 가장 필요한 건 바로 황태와 콩나물!
쓰린 속을 달래주는 황태와 콩나물의 이중주는 아내들의 바가지도 아름답게 들리도록 해준다죠.
미운 사람 떡 하나 더 준다는 심정으로 최고로 맛있는 속풀이 국을 끓여주세요.

황태콩나물찌개

❋ Ready

황태 ·················· 30g
콩나물 ················ 100g
대파 ·················· ½뿌리
다진 마늘 ············· ½큰술
국간장 ················ 1큰술
참기름 ················ 1큰술
물 ··················· 3컵
소금 ·················· 약간

❋ Recipe

01 황태를 물에 잠시 담가 놓는다.

02 황태의 물기를 꼭 짠 후 볼에 넣고 참기름과 간장을 넣고 조물조물 무친다.

03 ②를 냄비에 넣고 살짝 볶은 후 물을 붓는다.

04 콩나물을 넣은 후 끓을 때까지 뚜껑을 덮어 놓는다.

05 ④가 끓어오르면 다진 파, 다진 마늘을 넣고 한소끔 끓을 때 까지 기다린다. 마지막으로 소금으로 간을 한다.

Anne's Style

재료의 숨이 너무 죽지 않도록 적당히 끓여낸다

아삭한 콩나물과 약간 질긴 듯한 식감이 매력인 황태는 너무 끓여 버리면 고유의 식감을 잃어 맛이 덜 할 수 있어요. 보기에도 푹 퍼진 국은 맛이 확실히 떨어지죠. 먹기 좋게 익으면 얼른 불을 끄고 되도록이면 먹기 직전에 조리하세요.

정 . 성 . 스 . 런 . 마 . 음 . 까 . 지 . 보 . 이 . 게 .

Style 02

부모님을 위한
효도상차림

오랫동안 우리 밥상을 차려내고 뒷바라지를 하신 부모님을 위해 차려내는 밥상은 정말 특별해요. 평소에 좋아하시는 음식이 무엇인지 알아두고 생신이나 기념일만이라도 맛있는 음식을 대접하는 건 그리 어려운 일이 아니랍니다. 밥상을 받는 부모님의 마음은 얼마나 뿌듯하실까요. 그 마음을 생각하며 진심을 담아 요리해보세요.

아무래도 어른들에게 대접하는 요리는 까다롭게 메뉴를 고르게 되고
재료 하나에도 신경이 쓰여서 어렵게만 생각하게 돼요. 그런 면에서 갈비찜은 재료와 맛도 만족스럽고
조리법도 크게 어렵지 않아서 자주 만들게 되는 요리 중 하나지요.
잣과 은행에 솔잎을 꽂아 스타일링하니 진수성찬이 따로 없네요.

갈비찜

❈ Ready

갈비	1kg

갈비 양념 물 6컵, 대파 1뿌리, 마늘 5톨

무	400g
대추	10알
양파	1개
마른표고버섯	4개
밤	10알

양념

간장	8큰술
설탕	2큰술
배즙	5큰술
생강즙	1큰술
다진 마늘	1큰술
다진 파	2큰술
참기름	1큰술
후추	약간

❈ Recipe

01 갈비는 1시간 정도 찬물에 담가 핏물을 뺀다.

02 손질한 갈비에 분량의 물, 대파, 마늘을 넣어 삶다가 물이 절반 정도 줄어들 때까지 삶는다.

03 무는 4등분해 손질하고, 양파도 비슷한 크기로 썰고, 대추는 깨끗이 씻어 준비해 놓는다. 마른 표고버섯은 불려서 2등분한다.

04 ②가 다 삶아지면 갈비는 건져 내고 남은 육수는 체에 한 번 거른다.

05 냄비에 갈비와 손질한 야채를 담고 체에 걸러놓은 육수와 양념을 넣어 갈비가 푹 무르도록 끓인다.

Anne's Style

푸짐한 요리를 소박하게 담아내다

흔히 갈비찜이라고 하면 좀 거하고 푸짐한 요리라고 생각하기 쉽죠. 그래서인지 냄비째 식탁에 올리거나 커다란 그릇에 담아서 대접하는 경우가 많은 것 같아요. 하지만 납작한 접시에 1인분씩 담아내면 어른들이 드시기도 편하고 더욱 정갈하게 차려낸 느낌을 낼 수 있어요.

점심과 저녁식사 사이의 간격이 꽤 큰 오후시간에 반가운 간식거리에요.
어른들 입맛 사로잡는 담백한 감자전은 두고두고 예쁨 받는 고마운 메뉴랍니다. 도란도란 이야기도 나누면서
전을 나눠 먹으면 그간 서먹했던 감정이나 서운한 마음들도 따뜻하게 녹아내리죠.

감자전

❋ Ready

감자	3개	홍고추	1개
물	5큰술	녹말가루	2큰술
청고추	1개	소금	약간

❋ Recipe

01 감자는 껍질을 벗겨 적당한 크기로 썬 후 믹서에 물을 넣고 갈아놓는다.

02 믹서에 간 감자는 체에 밭쳐 물기를 뺀 후 감자물을 잠시 그대로 두어 감자 전분의 앙금을 가라앉힌다.

03 간 감자에 녹말가루 2큰술과 ③의 전분 앙금을 섞고 고추를 넣은 후 소금으로 간해서 감자전을 반죽한다.

04 달궈진 팬에 기름을 두르고 감자전을 지져낸다. 고추는 3cm 길이로 채썰어 고명으로 올린다.

Anne's Style

갓 만들어낸 따끈따끈함으로 승부하다

전의 묘미는 뭐니뭐니해도 적당히 노릇노릇 부쳐내서 조금 뜨겁다 싶을 정도로 따끈할 때 바로 먹는 그 맛이죠. 미리 만들었다가 대접하는 요리가 아닌 만큼 부모님이 드시고 싶다고 하시면 바로 후다닥 만들어 내야지만 전의 맛을 제대로 낼 수가 있어요. 시간이 지나버리면 축축해지고 미지근해서 맛이 덜하답니다.

영양 가득한 해산물로 많은 요리를 만들 수는 있어도, 자칫 잘못하면 짜고 매운 자극적인 요리가 되기 쉽잖아요.
초회는 맛있는 해산물을 이용하면서도 깔끔하고 신선한 맛을 낼 수 있는 요리예요.
싱싱하고 좋은 굴만 준비하면 만들기도 간단해서 크게 고민할 필요 없어요.

굴미역초회

✳ Ready

굴 · · · · · · · · · · · · · · · · · 150g
미역(불려 자른 미역) · · · · · 30~40g
오이 · · · · · · · · · · · · · · · · · 1개

초회 양념장

식초 · · · · · · · · · · · 3큰술		다시물 · · · · · · · · · · · 5큰술
설탕 · · · · · · · · · · · 2큰술		청주 · · · · · · · · · · · 1큰술
소금 · · · · · · · · · · · ½큰술		간장 · · · · · · · · · · · 1큰술

✳ Recipe

01 굴은 깨끗이 씻어 냉장고에 미리 넣어두고, 미역은 물에 불린다.

02 오이는 0.5cm 두께로 썰어 소금물에 절여놨다가 물기를 꼭 짜서 냉장고에 넣어 놓는다.

03 미역은 소금물에 살짝 데친 후 찬물에 바로 식혀서 물기를 꼭 짜 냉장고에 넣어 놓는다.

04 초회 양념장 재료를 냄비에 모두 넣어 바글바글 끓여 식힌 후 냉장고에 차게 보관했다가 먹기 직전에 뿌려낸다.

Anne's Style

재료가 돋보이도록 색의 마법을 쓰다

무척이나 간단한 요리지만 사실 들어간 재료 하나하나는 영양가도 좋고 어른들이 좋아하실 만한 재료들이예요. 그냥 하얀 볼에 담으면 밋밋하고 심심해 보이는 요리이기 때문에 바다의 느낌을 대신하는 푸른색의 볼에 담아서 요리의 컨셉이 한눈에 느껴지도록 했어요.

기름기를 쫙 뺀 부드러운 수육은 어른들의 입맛에 참 잘 맞아요. 건강도 챙겨 드리고
맛있는 음식도 마음껏 드실 수 있도록 여러 가지 수육을 이용한 요리에 도전해보세요.
술안주로 내면 100점 만점에 100점으로 후한 점수를 주실 거예요.

깻잎쌈과 수육

✱ Ready

돼지고기(수육용 삼겹살) ······· 600g	깻잎 ····················· 30장	참기름 ················· 1큰술
마늘 ······················ 5톨		통깨 ················· ½큰술
대파 ···················· 1뿌리	**깻잎 양념장**	다진 마늘 ·············· ½큰술
생강 ······················ 1톨	간장 ···················· 3큰술	다진 파 ················· 1큰술
된장 ···················· ½큰술	고춧가루 ·················· 1큰술	
커피 ···················· ½큰술	설탕 ···················· ½큰술	

✱ Recipe

OI 돼지고기는 삼겹살 덩어리로 준비한다.

02 냄비에 물을 붓고 끓어오르면 마늘, 대파, 생강, 된장, 커피를 넣은 후 돼지고기를 넣고 삶는다.

03 깻잎 양념장은 각 재료들을 섞어 만들고, 깻잎에 발라둔다.

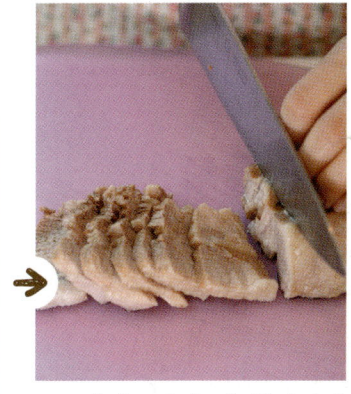

04 돼지고기가 다 삶아지면 한 김 식힌 후 얇게 썬다.

Anne's Style

하나씩 먹기 편하도록 열맞춰 담다

수육을 따로 접시에 수북이 담고 양념한 깻잎을 곁들여 내도 훌륭한 상차림이 되겠지만, 조금 더 어른들을 배려하고 정성을 기울이는 방법은 하나씩 먹기 편하도록 접시에 담아내는 것이지요. 바로바로 하나씩 집어서 먹을 수 있어 편리하고 보기에도 깔끔해서 좋아요.

어른들은 매콤한 낙지볶음보다 시원하고 쫄깃한 탕을 훨씬 좋아하시죠.
따뜻한 국물로 속을 데우고, 영양가 많은 낙지로 건강도 지켜드리세요.
추운 겨울이나 어둑어둑한 해질 무렵의 저녁 메뉴로 제격이랍니다.

KITCHEN 국물 맛에 홀딱

낙지탕

Ready

낙지 ··· 2~3마리(500g)
모시조개 ··· 1팩(200g)
대파 ··· 1뿌리
마늘 ··· 3톨
홍고추 ··· 1개
청양고추 ··· 1개
두부 ··· $\frac{1}{4}$모
무 ··· 150g
배추 ··· 3~4쪽
다시물 ··· 5컵
멸치 ··· 5~6개
소금 ··· $\frac{1}{3}$큰술
후추 ··· 약간

Recipe

01 대파, 마늘, 고추는 굵게 채썰고, 두부와 무, 배추도 썰어 놓는다.

02 다시물 5컵을 붓고 멸치를 넣어 육수를 우린 후 낙지탕 육수를 완성한다.

03 낙지는 머리 부분에서 내장과 먹물을 제거하고 밀가루를 뿌려 깨끗이 손질해 놓는다.

04 육수에 무를 먼저 넣고 끓이다가 모시조개를 넣어 입이 벌어지면 마늘, 파, 고추를 넣고 한소끔 끓인다. 끓어오르면 거품은 떠내고 배추와 두부를 넣어 한 번 더 끓여 준다.

05 ④에 손질한 낙지를 넣어 잠시 끓이다 익으면 먹기 좋은 크기로 잘라준다.

Anne's Style

한 그릇에 재료가 골고루 담기도록 떠낸다

한 냄비 끓여서 각자 국그릇에 탕을 담아낼 때는 되도록 탕을 너무 자주 휘젓지 않는 게 좋아요. 두부처럼 무른 재료는 다 부서질 수 있으니까요. 휘젓지 말고 푹 끓여서 모든 재료가 고루 담기도록 떠내야만 누구나 맛있는 요리를 맛볼 수가 있지요.

대구를 갈아서 직접 어묵을 만들어 전을 부쳐봤어요. 집에서 눈으로 재료를 확인하고 만드니까
시판 어묵보다 건강 면에서 훨씬 이롭다는 장점이 있지요. 평범한 전처럼 보이지만
보이지 않는 정성이 가득 담긴 특별식이랍니다.

대구어묵전

✳ Ready

대구살 · · · · · · · · · · · · · · 250g	소금 · · · · · · · · · · · · · ½큰술	다진 파 · · · · · · · · · · · 2큰술
깻잎 · · · · · · · · · · · · · · 3~4장	청주 · · · · · · · · · · · · · · 1큰술	달걀 · · · · · · · · · · · · · · · ½개
청고추 · · · · · · · · · · · · · · 1개	녹말 · · · · · · · · · · · · · · 2큰술	포도씨유 · · · · · · · · · · · 적당량
홍고추 · · · · · · · · · · · · · · 1개	밀가루 · · · · · · · · · · · · · 1큰술	

✳ Recipe

OI 대구살은 페이퍼타월로 물기를 없애고 믹서에 넣고 곱게 갈아 준비한다.

02 깻잎과 청고추, 홍고추는 입자가 있게 썰어 준비한다.

03 곱게 갈아놓은 대구살에 야채, 녹말, 밀가루, 달걀, 소금을 넣고 잘 섞어 준다.

04 달궈진 팬에 포도씨유를 두르고 한 수저씩 떠 넣어 노릇하게 지져 낸다.

Anne's Style

그릇의 여백에 여유로움을 담다

전을 너무 많이 하거나 큼직하게 마구잡이로 담아내면 성의가 없어 보이고 투박해요. 커다란 그릇에 겹겹이 모두 둘러 채우려 하지 말고, 먹을 만큼만 전을 부쳐서 탑처럼 쌓아보세요. 특별한 모양을 낼 수 있으면서 그릇의 여백도 살아 더욱 먹음직스러워 보인답니다.

어른들은 더덕과 같은 뿌리채소와 나물류를 특히 좋아하시죠.
더덕만 사다가 양념장을 발라 굽기만 하면 되니까 이보다 쉬운 요리가 있을까요.
가족끼리 둘러 앉아 고기를 구워먹을 때 함께 곁들여 내어도 좋을 요리랍니다.

더덕구이

✳ Ready

더덕 · · · · · · · · · · · · · · 10뿌리
유장 간장 1큰술＋참기름 2큰술

구이 양념장
고추장 · · · · · · · · · · · · 2큰술

고춧가루 · · · · · · · · · · · · 1큰술
간장 · · · · · · · · · · · · · 1½큰술
설탕 · · · · · · · · · · · · · · 1큰술
물엿 · · · · · · · · · · · · · · ½큰술
참기름 · · · · · · · · · · · · · 1큰술

다진 마늘 · · · · · · · · · · · ½큰술
다진 파 · · · · · · · · · · · · · 1큰술
통깨 · · · · · · · · · · · · · · ½큰술

✳ Recipe

01 더덕은 껍질을 벗겨 씻은 후 반으로 갈라 방망이로 두들겨 준비한다.

02 손질한 더덕에 유장을 앞 뒤로 발라준다.

03 팬에 더덕을 살짝 구워준다.

04 ③의 더덕에 구이 양념장을 발라 한 번 더 구워준다.

Anne's Style

맛있는 색으로 군침을 돌게 하다
양념장이 골고루 발려야 다 구웠을 때 더욱 맛있게 보여요. 빨갛게 만들어 놓은 구이 양념장을 아낌없이 충분히 발라주세요. 타지 않을 정도로 양념장이 지글지글 끓으면 아주 맛있는 색이 나올 거예요.

하얀 더덕의 속살이 그대로 보이도록 말갛게 무쳐낸 생채예요.
부추도 들어가서 파릇한 느낌도 살리고 씹는 식감도 더욱 좋게 했지요.
이렇게 자극적이지 않은 무색 양념의 생채가 뱃속에 부담도 없고 먹고 나서도 깔끔한 맛을 느끼게 해줍니다.

더덕생채

※ Ready

더덕 · · · · · · · · · · · · · · · 10뿌리
영양부추 · · · · · · · · · · · · · 50g

양념
꿀 · · · · · · · · · · · · · · · · · 3큰술
식초 · · · · · · · · · · · · · · · · 3큰술
참기름 · · · · · · · · · · · · · · · 1큰술
다진 마늘 · · · · · · · · · · · · · ½큰술
소금 · · · · · · · · · · · · · · · · ½큰술

※ Recipe

01 더덕은 껍질을 벗겨 씻는다.

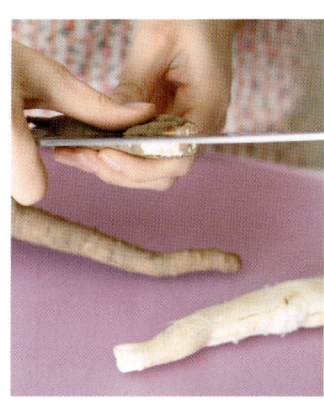

02 더덕을 반으로 가른 후 방망이로 두들겨 잘게 찢어준다.

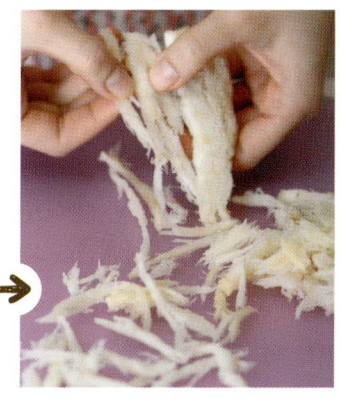

03 영양부추는 4~5cm로 썰어서 손질한 더덕과 함께 분량의 양념을 넣고 조물조물 무쳐낸다.

Anne's Style

토속적인 재료를 이국적으로 해석하다
언뜻 보면 샐러드처럼 보여 더덕으로 만든 요리라고 해도 잘 믿지 않더라고요. 맛을 보면 더덕의 쌉싸름한 맛과 새콤달콤한 소스가 잘 어우러져 특별한 맛이 나지요. 우리 식탁은 김치나 장아찌 같은 강한 맛의 반찬을 많이 곁들이는 편인데, 이런 부드러운 반찬으로 은은한 느낌을 연출해 보세요.

적당히 매콤한 맛의 요리는 젊은 사람 뿐 아니라 어른들도 잘 드시고 좋아해요.
돼지갈비를 튀겨내어 강정으로 만들면 고소한 맛이 일품이고 한입에 먹기도 훨씬 편하지요.

매콤돼지갈비강정

✳ Ready

돼지갈비	600g
향신 양념	
된장 · 커피 · 마늘 · 대파 · 생강 약간씩	
마늘	4~5톨
대파	1뿌리
녹말	적당량
튀김기름	적당량

소스

마른고추	3개
고춧가루	2큰술
간장	5큰술
물엿	2큰술
설탕	2큰술
꿀	1큰술
청주	2큰술
소금	약간
후추	약간
생강	1톨
물	1컵
포도씨유	적당량

✳ Recipe

01 돼지갈비는 칼집을 내어 향신 양념을 넣고 삶는다.

02 소스팬에 포도씨유를 두르고 대파, 마늘을 넣어 먼저 볶다가 마른고추와 고춧가루를 넣어 볶는다. 소스 재료를 모두 넣고 반 정도가 되도록 졸인다.

03 삶은 돼지갈비에 녹말을 묻힌다.

04 돼지갈비를 170~180℃ 온도의 기름에 튀긴다.

05 튀겨낸 돼지갈비를 ②의 완성된 소스에 넣어 잘 버무려 준다.

Anne's Style

걸쭉한 소스가 부드럽게 감기도록 졸여내다

소스가 적당히 걸쭉하게 졸여져야만 돼지갈비에 먹기 좋게 묻어요. 너무 되직하면 소스가 끈적하고 짠맛이 강한데다, 너무 묽으면 소스가 뚝뚝 흘러 먹기 불편하죠. 어른들이 드시기 좋도록 흐르지 않게 처음의 반 정도로 졸여내는 것이 중요해요.

몸에 좋으면서 구하기 쉬운 재료로 만든 즉성 초간단 즉석탕이예요.
특별한 재료가 들어가지 않는데도 푸짐하고 금방 끓여낼 수 있어 좋아요.
바다와 산의 재료들이 어우러져 자연의 내음이 탕 속 깊이 우러나는 느낌이 들지요.

KITCHEN 자연 내음 가득
미역버섯들깨탕

Anne's Style

한 가지 재료에서 여러 가지 맛을 찾아내다
버섯을 한 가지 종류로만 쓸 수도 있지만 같은 버섯이라도 맛과
식감에서 차이가 나기 때문에, 한 가지 요리에 여러 가지 품종을
섞어 넣어 주는 것도 요리를 풍성하게 하는 방법이랍니다.

❋ Ready

표고버섯 · · · · · · · · · · · · · · 4~5개
느타리버섯 · · · · · · · · · · · · 100g
팽이버섯 · · · · · · · · · · · · · · · 1팩
불린 미역 · · · · · · · · · · · · 40~50g
들깨가루 · · · · · · · · · · · · · · 5큰술
불린 찹쌀 · · · · · · · · · · · · · · 1큰술
된장 · · · · · · · · · · · · · · · · · · 1큰술
멸치 · · · · · · · · · · · · · · · · · 10마리
다시물 · · · · · · · · · · · · · · · · · 5컵
국간장 · · · · · · · · · · · · · · · · · 약간

❋ Recipe

01 미역은 물에 불려 두고, 다
시물에 손질한 멸치를 넣고 끓
여 육수를 우려낸다.

02 느타리버섯은 한 입 크기
로 찢는다.

03 표고버섯은 슬라이스한다.

04 육수 반 컵과 들깨가루, 찹
쌀을 넣고 믹서에 갈아준다.

05 육수에 된장을 풀어 끓어
오르면 손질한 버섯과 불려놓
은 미역을 넣어 한소끔 끓인다.

06 ④를 체에 내려 ⑤에 넣고
한소끔 더 끓인다.

07 반으로 자른 팽이버섯을
넣고 간을 본 후 국간장을 넣어
간한다.

자칫 부담될 수 있는 고기 대신 버섯으로 버섯탕수를 만들어 봤어요.
버섯은 씹는 식감이 고기와 비슷하기 때문에 고기와 함께 구워 먹어도 잘 어울리죠.
고기 같은 느낌을 갖고 있으면서 칼로리는 훨씬 낮기 때문에 어른들 영양식으로 너무 좋지요.

고기보다 쫄깃한
버섯탕수

✳ Ready

새송이버섯	200g	물	1컵
파프리카	½개	간장	2큰술
피망	½개	설탕	4큰술
양파	½개	식초	3큰술
당근	약간	녹말	1½큰술
녹말가루	3~4큰술		

✳ Recipe

01 새송이버섯은 엄지손가락 크기로 썰어 소금을 약간 뿌려 놓는다.

02 버섯에 녹말가루를 묻혀 160~170℃ 기름에서 튀겨낸다.

03 팬에 기름을 살짝 넣고 당근, 양파, 파프리카를 볶다가 물과 설탕, 간장, 식초를 넣고 바글바글 끓인 후 녹말물로 농도를 조절한다.

04 튀겨낸 버섯을 ③에 넣고 한 번 섞어 그릇에 담아낸다.

새우는 보통 굽거나 탕재료로 많이 사용하게 되지요. 살짝 데쳐 간단하게
냉채로 차려내는 요리를 모르는 분들이 의외로 많더라고요. 굉장히 특별한 요리처럼 보이면서도
만들기는 쉽기 때문에 즉석으로 대접하기에 좋은 요리랍니다.

KITCHEN 꽃같이 피어난
새우냉채

✳ Ready

중하새우 ······ 10마리 (레몬즙 약간)
오이 ·························· ½개
배 ·························· ¼개

양념장
다진 마늘 ················· 1큰술
설탕 ···················· 1½큰술
식초 ····················· 2큰술

간장 ····················· ½큰술
참기름 ···················· ½큰술

✳ Recipe

01 새우는 내장을 빼고, 머리와 껍질을 벗겨 꼬치를 끼워 끓는 물에 데친다.

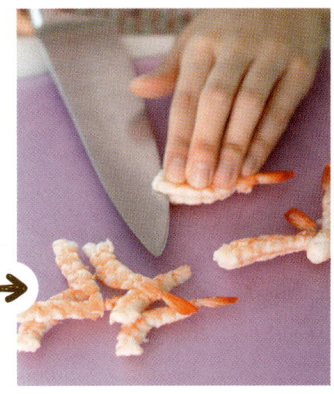

02 데쳐진 새우는 꼬치를 빼고 반으로 저민다.

03 오이와 배는 길이 3~4cm, 너비 1cm 정도가 되게 썬다. 준비된 재료를 접시에 보기 좋게 담고 양념장을 만들어 끼얹는다.

Anne's Style

꽃으로 장식하고 향기를 내다
기다란 도자기 접시에 나란히 새우냉채를 올리고 진분홍색으로 피어난 꽃을 화병에 꽂은 뒤 꽃잎을 조금 따서 장식해 봤어요. 새우의 붉은 빛과 잘 어우러지면서 음식을 더욱 맛있고 향기롭게 꾸며준답니다.

새우와 두부라는 영양 만점 재료가 들어가고, 두부를 살짝 지져
마지막에 쪄내는 요리이기 때문에 영양분의 손실도 줄일 수 있어요.
한 입에 먹기 좋은 모양으로 만들어 술안주나 간단한 요깃거리로 인기가 좋아요

새우 얹은 두부찜

❊ Ready

두부	1모
중하새우	10마리
새우살	70~80g
녹말	1큰술
식용유	적당량
소금	약간

양념

표고버섯	1개
홍고추	1개
다진 파	1큰술
다진 마늘	½큰술
소금	약간

후추	약간
달걀흰자	2큰술

❊ Recipe

01 도톰하게 썬 두부에 소금을 뿌려 잠시 두었다가, 두부의 물기를 제거하고 식용유를 두른 팬에 앞뒤로 노릇하게 지져낸다.

02 중하새우는 껍질과 머리를 제거한 후, 새우살과 함께 다져 양념 재료들을 모두 섞는다.

03 지져낸 두부의 한쪽 면에 녹말가루를 묻힌 후 새우살과 새우꼬리를 얹는다.

04 열이 오른 찜기에 ③의 새우 얹은 두부를 넣어 찐다.

Anne's Style

노릇노릇 지지고 모락모락 쪄내다

두부는 너무 타지 않을 정도로 노릇하게 구워야 맛도 좋고 단단히 모양이 잡혀요. 잘 지진 두부에 새우를 얹어 쪄낼 때는 새우살이 잘 익을 정도로 모락모락 쪄주어야 하고요. 익어가는 모습을 보면서 식욕을 돋우는 것도 색다른 즐거움이 되더라고요.

수정과는 명절에 만들어 먹는다는 고정관념을 버리고, 식후 디저트나 어른들 음료로 내어 보세요.
재료를 몇 번 끓여야 하는 수고스러움은 있지만 그 어떤 음료보다 청량감을 주고
몸과 마음이 모두 개운해지는 느낌을 준답니다.

수정과

❋ Ready

생강	50g
계피	40g
물	10컵
황설탕	1컵
백설탕	1컵
곶감	5개
잣	적당량

❋ Recipe

01 생강은 껍질을 벗겨 얇게 저미고, 통계피는 조각내 깨끗이 씻어 준비한다.

02 냄비에 분량의 물을 붓고 계피를 은근히 끓여낸다.

03 냄비에 분량의 물을 붓고 생강을 은근히 끓여낸다.

04 다 끓여지면 체에 거른 후 생강물과 계피물을 합쳐 설탕을 넣고 한번 더 끓인다.

05 수정과 물을 약간 덜어내어 곶감을 불리고, 완성된 수정과는 차게 식힌다. 수정과에 곶감을 한 개 담고 잣을 띄워낸다.

Anne's Style

우리 음식 고유의 멋을 닮아가다

오랜 전통의 우리 음식들은 기다림과 여유로움의 미학이 있는 것 같아요. 은근하게 여러 번 끓여내는 조리 과정 속에서 재료의 향취에 흠뻑 빠지게 되고 차갑게 식혀 들이키는 수정과 한 잔에 온갖 시름이 씻겨내리는 듯 청명한 마음이 들거든요.

어른들이 속이 불편해 하시거나 몸이 좋지 않아 식사를 하시기 어려울 때
죽요리 하나쯤은 미리 조리법을 알아두었다가 해드리는 것도 큰 효도가 되지요. 갑자기 전복이나 소고기 같은
재료를 준비하기 어려울 때에는 집에 있는 채소만으로도 죽을 끓일 수 있어요.

KITCHEN 속을 달래주는
채소영양죽

※ Ready

불린 쌀 · · · · · · · · · · · · · · · 1컵
멸치국물 · · · · · · · · · · · · · · 5컵
국간장 · · · · · · · · · · · · · · · 1큰술
소금 · · · · · · · · · · · · · · · · 약간
참기름 · · · · · · · · · · · · · · · 1큰술

곁들임 재료

당근 · · · · · · · · · · · · · · · $\frac{1}{5}$개
애호박 · · · · · · · · · · · · · · · $\frac{1}{4}$개
새송이버섯 · · · · · · · · · · · · 1개
소금 · · · · · · · · · · · · · · · · 약간
참기름 · · · · · · · · · · · · · · · 1큰술

※ Recipe

01 미리 불려놓은 쌀을 살짝 으깨준다.

02 애호박, 버섯, 당근은 사방 0.5cm 크기로 잘게 썬다.

03 팬에 참기름을 두르고 ②를 넣어 볶은 후 소금으로 간한다.

04 냄비에 참기름 1큰술을 넣고 쌀을 넣어 볶아준다.

05 ④에 멸치국물을 붓고 끓이다가 국간장으로 간을 한 다음 쌀알이 완전히 퍼지도록 끓인다.

06 ⑤에 ③의 볶아놓은 재료를 넣고 한소끔 끓여 완성한다.

Anne's Style

남은 재료를 장식으로 재활용하다

볶아놓은 채소를 약간 남겨 두었다가 완성해서 그릇에 담은 죽 위에 살짝 얹어 주면 좋아요. 심심한 죽요리에 훌륭한 데코레이션이 되니까요.

묵은 칼로리가 낮아서 다이어트용으로도 인기가 높아요. 여러 가지의 묵이 있지만
녹두를 갈아서 만든 청포묵은 그 중 빛깔도 가장 예쁘고 식감도 뛰어나지요.
부드럽게 넘어가니까 어른들이 드시기에 딱이에요.

청포묵쇠고기무침

❋ Ready

쇠고기	100g
청포묵	300g
쪽파	3~4뿌리
구운김	½장

고기 양념

간장	½큰술
설탕	¼큰술
청주	½큰술
후추	약간
다진 마늘	¼큰술
참기름	½큰술

청포묵 양념

소금	¼큰술
참기름	1큰술

❋ Recipe

01 청포묵은 너비 1cm, 길이 4~5cm로 썰어 준비한 후, 끓는 물에 부드럽게 데쳐 물기를 빼고 소금과 참기름을 넣어 버무려 놓는다. 쪽파는 살짝 데쳐 찬물에 식힌 후 물기를 꼭 짜고 3~4cm로 썬다.

02 쇠고기는 분량의 양념을 넣고 재워둔 후 팬에 익힌다.

03 볼에 청포묵 양념으로 양념한 청포묵과 볶아놓은 쇠고기, 데친 쪽파, 구운 김을 잘라 넣어 살살 버무린다.

Anne's Style

재료의 크기로 리듬감을 살리다

청포묵은 손가락 굵기로 잘랐다면 쇠고기는 그보다 얇게 저미서 잘게 썰어주는 게 훨씬 재료가 조화롭게 보이지요. 김과 쪽파도 얇게 썰어서 엇듯이 놓아 주면 요리가 입체감 있어 보이고 재료들이 춤을 추듯 살아나요.

된장찌개와 김치찌개는 가장 흔하고 기본적인 요리로 알고 있지만, 사실 그렇기 때문에 그 맛을 탁월하게
내기가 더 까다로운 것 같아요. 특히 된장찌개는 각종 재료에 따라 국물 맛이 조금씩 달라지기도 하고요.
차돌박이로 된장 맛을 확실하게 잡아보세요.

차돌박이 된장찌개

❋ Ready

차돌박이	100g	무	100g
두부	$\frac{1}{4}$모	청양고추	1개
양파	$\frac{1}{3}$개	된장	$1\frac{1}{2}$큰술
호박	$\frac{1}{4}$개	고춧가루	$\frac{1}{2}$큰술
대파	$\frac{1}{2}$뿌리	물	$2\frac{1}{2}$컵
홍고추	1개		

❋ Recipe

O1 무, 두부, 호박, 양파는 먹기 좋은 크기로 작게 썰고, 홍고추, 청양고추, 대파도 크기가 비슷하게 썬다.

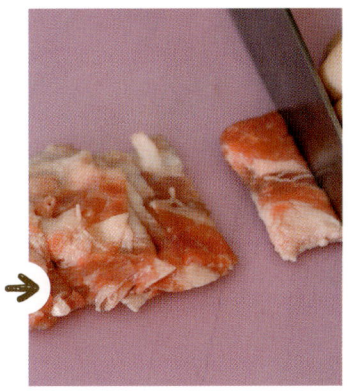

02 차돌박이는 먹기 좋은 크기로 잘게 썬다.

03 냄비에 물을 담아 무를 먼저 넣고 끓이다가 끓어오르면 된장과 고춧가루를 넣고 차돌박이를 넣어 한소끔 끓인다.

04 ③이 끓어오르면 ①의 재료 중 두부를 제외한 야채를 넣고 끓이다가 마지막으로 두부를 넣고 한소끔 더 끓여 완성한다.

Anne's Style

특별한 그릇으로 음식을 특별대우하다
같은 요리로 새로운 기분을 내고 싶다면 그릇을 바꿔 담아 보는 것도 한 방법이에요. 같은 그림이라도 액자에 따라 달라 보이듯, 음식도 어떤 그릇에 담아내느냐에 따라 감성적인 부분에서 맛에 대한 평가가 달라질 수 있답니다.

국물요리나 한 그릇 요리를 메인으로 내고 밑반찬들 외에 별로 특별한 것이 없다면
청경채와 버섯의 만남을 추천합니다. 표고의 쌉쌀한 맛과 청경채의 아삭한 느낌이 너무 잘 어울려요.
무엇보다 어른들 입맛에 딱 맞는 반찬이기도 하고요.

청경채표고버섯볶음

❋ Ready

청경채	4개	마늘	3톨	후추	약간
표고버섯	4개	생강	$\frac{1}{2}$톨	참기름	$\frac{1}{2}$큰술
죽순	50g	간장	1큰술	식용유	적당량
홍고추	1개	청주	1큰술		
대파	$\frac{1}{2}$뿌리	굴소스	1큰술		

❋ Recipe

01 표고버섯은 물에 불려 굵게 채썰고, 청경채는 잎을 떼어 2등분한다. 죽순도 모양을 살려 편으로 썰고, 홍고추와 대파는 3~4cm로 굵게 채썰고, 마늘과 생강도 채썬다.

02 표고버섯, 청경채, 죽순은 끓는 물에 살짝 데쳐 체에 밭쳐 둔다.

03 팬에 식용유를 두르고 대파, 마늘, 생강을 볶다가 간장과 청주를 넣어 볶는다. 여기에 청경채, 죽순, 표고버섯, 홍고추를 넣고 볶다가 굴소스, 후추를 넣어 한 번 더 볶아준다. 마지막으로 참기름을 넣어 완성한다.

Anne's Style

반찬은 먹을 만큼 적고 소박하게 담아낸다

우리 식탁은 푸짐하게 차리는 걸 좋아해서 그런지 반찬도 수북하게 쌓아서 내는 습관이 몸에 배어 있는 것 같아요. 하지만 수북한 반찬은 다 먹을 수도 없을 뿐더러 먹으면서 뒤적이게 되고 식탁을 지저분하게 만들어요. 먹을 만큼 담아내는 것이 훨씬 지혜롭고 현명한 상차림이랍니다.

삼겹살을 구워먹는 것보다 훨씬 깔끔하고 담백하게 고기를 즐길 수 있어 온가족이 모인 저녁식탁에 어울리는 요리예요. 어른 아이 할 것 없이 모두 좋아하니까 부모님과 아이들이 모두 함께 하면서 이야기꽃을 피우기에 안성맞춤이죠.

항정살장오븐구이

✲ Ready

항정살 · · · · · · · · · · · · 600g	노두유 · · · · · · · · · · · · 2큰술	**곁들임 양념**
영양부추 · · · · · · · · · · 100g	된장 · · · · · · · · · · · · · · 1큰술	간장 · · · · · · · · · · · · 1½큰술
오이 · · · · · · · · · · · · · · ½개	청주 · · · · · · · · · · · 2~3큰술	고춧가루 · · · · · · · · · ⅔큰술
	설탕 · · · · · · · · · · · · · · 2큰술	식초 · · · · · · · · · · · · · ½큰술
재움 양념	후추 · · · · · · · · · · · · · · 약간	레몬즙 · · · · · · · · · · · ⅓큰술
간장 · · · · · · · · · · · · · · 2큰술	다진 마늘 · · · · · · · · · · 1큰술	통깨 · · · · · · · · · · · · · ½큰술

✲ Recipe

OI 어른 손 크기의 항정살을 기름이 많은 부분은 칼로 손질한 후, 양념이 잘 배도록 칼집을 넣는다.

02 재움 양념을 모두 섞은 후 손질한 항정살에 고루 배도록 하루 정도 숙성시킨다.

03 재워 둔 항정살은 노릇한 색깔이 나게 팬에 앞뒤로 구운 뒤 200℃ 오븐에 넣어 다시 구워낸다. 항정살이 잘 구워지면 한입 크기로 썰어 접시에 담는다.

04 영양부추와 오이는 곁들임 양념을 넣어 버무린 후 함께 낸다.

Anne's Style

때로는 메인 요리보다 곁들임에 신경을 쓰다

메인 요리가 맛이 있어야 식사가 즐거운 것이 사실이긴 하지만 메인 요리를 빛내주는 조연이 큰 역할을 할 때가 많아요. 담백한 항정살구이에는 부추와 오이 같은 아삭한 재료를 새콤하면서도 매콤하게 무쳐 같이 먹으면 그 맛이 배가 되지요.

Style 03

남편과의 기념일상차림

서로 한 집에서 밥을 먹으며 알콩달콩 사는 것이 결혼이라지만 기념일만큼은 맛집 찾아 손잡고 다니던 데이트가 그리워져요. 집에서도 이런 연애기분을 낼 수 있는 메뉴들로 기념일상을 준비해보세요. 여러 음식점에서 먹을 수 있는 다양한 요리들 몇가지만 준비해도 상차림이 푸짐해진답니다. 기념일을 더욱 빛내줄 아주 특별한 요리들을 소개합니다.

기념일에는 마치 레스토랑에 온 것처럼 분위기 있는 상차림을 차려내고 싶어지죠.
코스 요리 같은 기분도 낼 겸 에피타이저로 수프를 준비해보는 건 어렵지 않게
메뉴를 연출할 수 있는 방법 중 하나예요.

감자수프

✱ Ready

감자 ·	2개
생크림 · · · · · · · · · · · · · · · · · · ·	½컵
우유 ·	½컵
양파 ·	⅓개
닭육수 · · · · · · · · · · · · · · · · · · ·	2컵
물 ·	1½컵
버터 ·	2큰술
월계수잎 · · · · · · · · · · · · · · · · ·	1장
소금 ·	약간
백후추 · · · · · · · · · · · · · · · · · · ·	약간

✱ Recipe

01 감자는 얇게 썰어 물에 잠시 담가두고 양파는 채썬다.

02 냄비에 버터를 녹인 후 감자와 양파를 볶는다.

03 ②에 분량의 닭육수와 물을 넣고 월계수잎을 넣은 후 끓인다.

04 감자가 충분히 삶아질 때까지 둔 후 완성되면 핸드믹서로 간다.

05 ④를 체에 걸러 냄비에 담아 생크림과 우유를 넣고 끓인 후 소금과 후추로 간해 완성한다.

Anne's Style

기념일을 위해 특별 식기 세트를 준비하다

막상 요리책을 보고 멋진 양식 요리에 도전 하려고 해도 마땅히 담을 만한 그릇이 없어서 주저하게 되는 경우도 많아요. 요리가 아무리 맛있더라도, 기념일 같은 특별한 날에는 테이블 세팅도 중요하죠. 양식용 그릇과 수저, 나이프 등은 따로 구입해 두었다가 양식 요리에 사용하면 조금 더 신경 쓴 듯한 기념일 상차림을 차려낼 수 있어요.

때로는 최소한의 조리법이 재료의 맛을 최대한 살려 주는 경우가 있어요.
사실 샐러드는 싱싱한 채소와 과일만 있다면 다른 어떤 조리법도 필요가 없지만
새콤달콤한 레드와인비니거 드레싱이 그 싱싱함을 더욱 배가시켜 준답니다.

그린토마토샐러드

✳ Ready

토마토 · · · · · · · · · · · · · · · · · 1개
유기농채소 · · · · · · · · · · · · · 약간

레드와인비니거 드레싱
레드와인비니거 · · · · · · · · · · 2큰술
올리브오일 · · · · · · · · · · · · · · 1큰술
다진 양파 · · · · · · · · · · · · · · ½큰술
꿀 · 1큰술
소금 · · · · · · · · · · · · · · · · · · 약간
후추 · · · · · · · · · · · · · · · · · · 약간

✳ Recipe

01 토마토는 아랫부분에 십자 모양으로 칼집을 넣어준다.

02 토마토를 그릇에 담고 끓는 물을 부어 1분간 담가둔다.

03 토마토를 꺼내어 껍질을 벗겨낸다.

04 토마토를 먹기 좋은 크기로 썰어 놓는다.

05 유기농 채소는 먹기 좋게 손으로 뜯어 얼음물에 담가 놓는다. 접시에 손질한 토마토를 먼저 담고 채소를 올려 만들어 둔 레드와인비니거 드레싱을 뿌려낸다.

Anne's Style

그릇의 여백에 그림을 그리다

샐러드처럼 재료도 간단하고 특별한 조리법도 없는 요리에는 재미있는 스타일링으로 변화를 줄 수가 있어요. 음식을 담고 남은 그릇의 여백에 다양한 색의 소스를 이용해 살짝 점을 찍듯이 그려 보세요. 샐러드의 색과 어우러져서 마치 예술작품처럼 눈이 즐거운 요리를 완성할 수 있어요.

샐러드에 넣는 버섯은 색다른 식감을 경험하게 해줘요.
구워 먹으면 고기와 비슷한 풍미가 나기 때문에 채소와 어우러진 맛도 훌륭하지요.
버섯을 맛있게 먹을 수 있는 방법 중 하나랍니다.

송이버섯샐러드

✻ Ready

새송이버섯	3개
양송이버섯	4개
유기농채소	적당량
파르마산치즈가루	적당량

발사믹 드레싱

발사믹비니거	2큰술
올리브오일	3큰술
설탕	⅓큰술
소금	¼큰술
후추	약간

✻ Recipe

01 새송이버섯과 양송이버섯은 슬라이스 한다.

02 유기농 채소는 알맞게 뜯어 얼음물에 담가 놓는다.

03 달궈진 팬에 오일을 살짝 두르고 버섯을 앞뒤로 구워 준다.

04 그릇에 ③의 버섯을 넣고 파르마산치즈가루와 만들어 둔 발사믹드레싱을 넣어 잘 버무려준다.

Anne's Style

샐러드에 다양한 재료를 플러스하다

샐러드하면 곁들여 먹는 요리라고 생각하기 쉬운데, 들어가는 재료의 배합에 따라 근사한 메인 요리로 변신할 수 있어요. 채소나 과일의 질감이 아삭아삭하기 때문에 씹는 질감이 쫄깃한 버섯이나 육류 등과 만나면 잘 어울려요.

기념일에 빠질 수 없는 메뉴가 바로 스테이크예요. 레스토랑에서 먹는 것도 근사하지만,
레스토랑에서나 먹을 수 있는 스테이크를 집에서 만들어 즐긴다면 훨씬 더 근사하겠죠?
스테이크는 어려운 요리가 아니기 때문에 기념일에 꼭 한 번 만들어 보면 좋을 요리예요.

블랙크림소스 스테이크

✽ Ready

소고기 300~400g(등심 스테이크용 2장)
통후추 ························· 약간
소금 ··························· 약간
올리브오일 ···················2큰술
버터 ·······················1½큰술

스테이크소스

생크림 ·······················½컵
간장 ························· 1큰술
꿀 ··························· 1큰술
겨자 ·························½큰술
소금 ··························· 약간
후추 ··························· 약간

✽ Recipe

01 등심은 손바닥 크기에 두께 1.5cm 정도로 준비해 연육망치로 살살 두들겨서 연하게 만들어 준다.

02 손질한 고기에 올리브오일과 통후추, 소금을 뿌려 마리네이드 한다.

마리네이드는 고기를 양념에 재워둔다는 서양식 표현이에요.

03 팬에 버터를 녹여 충분히 달궈졌을 때 등심을 올리고 양쪽 면을 강불에서 노릇하게 구워낸다.

04 스테이크가 노릇하게 구워지면 팬의 불을 중불로 줄이고 조금 더 익혀서 완성한다.

05 스테이크를 구운 팬에 스테이크소스의 재료를 넣고 바글바글 끓여 스테이크 위에 뿌려낸다.

Anne's Style

푸른 채소로 느끼함을 덜어내다

접시에 스테이크만 담아내면 너무 심심하겠죠? 약간의 채소를 곁들이면 장식 효과도 나면서 한층 신선한 분위기를 연출할 수 있답니다. 그렇다고 너무 지나치게 장식을 하게 되면 효과가 반감될 수 있으니 몇몇 채소를 둘러내는 것만으로도 충분해요.

멜론에 프로슈토를 얹은 이탈리아의 대표적인 전채요리예요.
돼지고기에 소금을 뿌려 말린 햄을 프로슈토라고 하는데, 프로슈토의 짭잘한 맛과 달콤한 멜론의 맛이
대비를 이루어아주 특별한 맛이 난답니다. 기념일에 와인과 함께 곁들이면 너무 좋아요.

프로슈토 코토콘일멜로네

✻ Ready

프로슈토 슬라이스 ············ 3장
멜론 ····················· ¼통
통후추 ···················· 약간

✻ Recipe

01 멜론 ¼통을 준비해 씨와 껍질 부분을 제거하고 한입크 기로 썬다.

02 프로슈토는 멜론에 잘 감 기도록 1장 당 4등분이 되게 썬다.

03 손질한 멜론에 프로슈토를 돌돌 말아준다.

04 ③의 위에 후추를 살짝 뿌 려 낸다.

Anne's Style

이국적인 재료로 색다른 맛을 경험하다
이탈리아 요리가 왠지 어렵게만 느껴진다면, 프로슈토와 멜론을 이용해 이탈리아 요리에 입문해 보는 것도 좋을 것 같아요. 프로슈토는 인터넷의 수입식품 쇼핑몰이나 수입식품 가게에서 쉽게 구입할 수 있답니다. 처음 사용하는 이국적인 재료만 있어도 색다른 기분 을 낼 수 있거든요.

양식요리에서 에피타이저로 수프가 나온다면 우리 한식에서는 죽을 빼놓을 수 없지요.
그 중에서도 달콤한 호박죽은 부담 없이 에피타이저 형태로 즐기기에도 좋고 쌀이 들어가는 만큼
밥대용으로 먹어도 다른 요리들과 잘 어우러지는 한식만의 특별한 메뉴랍니다.

호박죽

✳ Ready

단호박(삶은 것) · · · · · · · · · · · · · 2컵
잣 · 4큰술
찹쌀가루 · · · · · · · · · · · · · · · 4큰술
호박씨 · · · · · · · · · · · · · · · · · · 약간
소금 · · · · · · · · · · · · · · · · · · · 약간

✳ Recipe

OI 씨를 빼고 껍질을 벗긴 호박을 삶는다.

02 호박과 불린 찹쌀, 잣을 믹서기에 간다.

03 두꺼운 냄비에 넣고 주걱으로 저어가며 끓이고, 다 되어 갈 때 소금으로 간을 한다.

호박죽에 호박씨를
볶아 얹어내면 더욱
고소해요

Anne's Style

잔잔한 죽 위로 호박씨가 살포시 내려앉다
단호박을 손질 할 때 나온 호박씨는 좋은 스타일링 재료가 되어 줍니다. 볶아낸 호박씨를 고명처럼 죽 위에 얹으면 한 폭의 그림처럼 잘 어우러지는 한국적 멋을 풍겨요. 담을 그릇도 죽의 색깔과 대비되는 어두운 색으로 고르면 한결 단호박의 빛깔이 살아난답니다.

장어만큼 남자들의 사기를 쑥쑥 높여 주는 재료가 또 있을까요?
맛으로 유명하다는 유명 장어요리 전문점의 비결은 바로 맛있는 구이 양념에 있지요.
집에서도 양념만 잘 만들면 전문식당 못지않게 맛있는 장어구이를 만들 수 있어요.

장어구이

✳ Ready

장어 · · · · · · · · · · · · 1kg(약 4마리)

재움양념
양파즙 · · · · · · · · · · · · · · · 1큰술
배즙 · · · · · · · · · · · · · · · · · 1큰술

청주 · · · · · · · · · · · · · · · · · 1큰술
간장 · · · · · · · · · · · · · · · · · 2큰술
포도씨유 · · · · · · · · · · · · · ½큰술
참기름 · · · · · · · · · · · · · · · ½큰술
후추 · · · · · · · · · · · · · · · · · · 약간

구이양념
간장 · · · · · · · · · · · · · · · · · 8큰술
물엿 · · · · · · · · · · · · · · · · · 1큰술
설탕 · · · · · · · · · · · · · · · · · 2큰술
고추기름 · · · · · · · · · · · · · · 1큰술

마른고추 · · · · · · · · · · · · · · · 2개
다진파 · · · · · · · · · · · · · · · 1큰술
다진마늘 · · · · · · · · · · · · · ½큰술
생강 · · · · · · · · · · · · · · · · · · 1톨

✳ Recipe

01 장어는 손질된 것으로 구입해 종이타월이나 마른 면보로 물기를 제거한 후 6~7cm 길이로 썰어 재움양념에 재운 채 1시간 정도 냉장고에 둔다.

장어는 절대 물로 씻지 마세요. 흙내가 나고 맛도 덜하게 되거든요.

02 마른 고추는 반을 갈라 씨를 털어낸 뒤 큼직하게 자르고, 생강은 저미며 구이양념 재료와 섞어 중불에서 끓인다.

03 나머지 생강은 껍질을 벗겨 씻어서 채 썰어둔다.

접시에 담아 낼 때 장어에 ③의 생강채를 얹어내세요.

04 팬에 장어를 애벌구이한 다음, 구이양념을 발라가며 타지 않을 정도로 여러 번 굽는다.

Anne's Style

나뭇잎 배를 타고 둥둥 떠가는 장어를 한입 베어 물다
장어는 양념 없이 먹으면 못 먹는 사람도 있을 만큼 기름기 많고 특유의 비릿한 맛이 있어요. 양념을 정성껏 발라 맛있게 구웠지만 보기에 조금 더 산뜻한 느낌을 줄 수 있도록 나뭇잎 한 장을 접시처럼 스타일링 했어요. 집에서 가꾸는 식물 중 큰 잎 한 장을 똑 따서 바로 연출해보세요.

차린 반찬이 별로 없어도 밥이 맛있으면 훌륭한 식사가 되지요.
특별한 날이니만큼 밥까지도 아주 특별하게 준비해보세요.
돌솥에 따끈하게 준비한 영양밥 한 솥이면 그야말로 진수성찬이 따로 없어요.

영양밥

❋ Ready

불린 찹쌀	½컵	밤	8개	잣	1큰술
불린 쌀	1½컵	대추	5개	소금	약간
불린 흑미	½컵	은행	10개		
불린 차조	¼컵	수삼	1뿌리		

❋ Recipe

01 차조는 미리 물에 담가 불리고 찹쌀과 멥쌀, 흑미는 씻어 물에 30분 정도 담갔다가 체에 밭친다.

02 밤은 껍질을 벗겨 물에 담갔다가 건지고, 대추는 맑은 물에 씻어 놓는다. 은행은 껍질 벗긴 것을 준비하고, 수삼은 깨끗이 씻은 후 얇게 저며 썬다.

03 솥에 쌀을 안치고 소금을 넣어 고루 뒤적거린 다음 밤과 대추, 은행, 수삼, 잣을 넣어 고루 섞은 후 물을 붓고 끓인다. 처음에는 센 불에서 팔팔 끓이다가 밥물이 끓어오르면 불을 약하게 줄인 후 위아래를 뒤섞어 뜸을 들인다.

Anne's Style

알록달록 밥맛 도는 밥을 짓다

찹쌀이 밥의 윤기를 더하고 흑미와 차조가 알알이 박혀 새하얀 흰쌀밥보다 훨씬 더 입맛을 돌게 해요. 거기에 붉은 대추와 노란 은행의 조합은 밥맛을 살려주는 완벽한 컬러 궁합이랍니다.

임금님 수랏상에 올려도 될 만큼 좋은 재료로 맛있게 구워낸 너비아니는 부드럽고 짭조름한 맛이
입안에서 살살 녹아요. 장어구이가 부담스럽다면 너비아니구이를 메인으로 해서
기념일상을 준비해도 괜찮아요.

너비아니구이

❈ Ready

쇠고기(안심 또는 등심) ········· 400g	배즙 ··················· 3큰술	청주 ··················· 1큰술
잣가루 ····················· 약간	다진 파 ·············· 1½큰술	후춧가루 ················· 약간
	설탕 ··················· 1큰술	
양념재료	참기름 ················· 1큰술	
간장 ····················· 3큰술	다진 마늘 ·············· 1큰술	

❈ Recipe

01 쇠고기는 등심이나 안심으로 준비해 3mm 두께로 넙적하게 썰어 잔 칼집을 넣는다.

쇠고기는 기름기가 없는 부분을 사용하세요.

02 분량의 양념재료들을 모두 섞은 후 손질해 둔 쇠고기를 1시간 정도 재운다.

03 달궈진 팬에 재워둔 고기를 올려 굽고, 접시에 담아 잣가루를 뿌려낸다.

고기를 구울 때 자주 뒤적이지 않도록 주의하세요.

Anne's Style

잣가루와 솔잎으로 고운 옷을 입히다

잣가루를 전체적으로 솔솔 뿌려내면 자칫 지저분해 보일 수 있어요. 한쪽에만 발라주듯 일렬로 묻혀 담아내면 훨씬 깔끔하고 먹음직스러워요. 솔잎이 있다면 몇 가닥 얹어 주는 것만으로 남다른 감각을 뽐낼 수 있답니다.

겉보기에는 예쁘지만 꽤 공을 들여야 잘 만들어지는 게 바로 전이에요.
오색전이라고도 하는 각색전을 세 가지만 추려 만들었어요.
그 어떤 음식보다 한국 궁중음식의 미를 잘 느낄 수 있는 멋스러운 요리랍니다.

각색전

✻ Ready

애호박 · · · · · · · · · · · · · · · 100g	표고버섯 · · · · · · · · · · · · · · · 100g	달걀 · · · · · · · · · · · · · · · 2개
붉은 고추 · · · · · · · · · · · · · ½개	대하 · · · · · · · · · · · · · · · 4마리	소금 · 후추 · · · · · · · · · · · 약간씩
풋고추 · · · · · · · · · · · · · · · ½개	청주 · · · · · · · · · · · · · · · 1큰술	식용유 · · · · · · · · · · · · · · · 적당량
청고추 · · · · · · · · · · · · · · · ½개	밀가루 · · · · · · · · · · · · · · · 4큰술	

✻ Recipe

0I 애호박은 모양대로 납작하게 7mm정도 두께로 썰어 굵은소금을 솔솔 뿌리고, 표고버섯은 기둥을 떼고 굵은 소금을 뿌려둔다.

02 대하는 머리와 껍질, 내장을 제거하고 청주와 소금, 후추를 살짝 뿌려둔다.

03 고추는 반 갈라 씨를 털고 마름모꼴로 썰어 고명을 준비한다.

02 호박, 대하, 표고버섯은 각각 밀가루를 묻히고 달걀물을 묻혀 식용류를 두른 팬에 알맞게 지져낸다.

Anne's Style

다소곳이 앉은 아낙네 모양으로 전을 부치다

전은 얼마나 깔끔하게 부쳐내느냐에 따라 완성도가 차이가 나는 것 같아요. 재료도 세심하게 손질하고 고명도 꼼꼼하게 얹어내야 흐트러짐 없이 고운 자태의 전이 탄생하지요. 무엇보다 달걀물이 엉겨 붙지 않도록 조심하고 기름을 충분히 빼낸 후 상에 올려야만 모양도 살아요.

음.식.으.로.나.만.의.개.인.기.를.뽐.내.는.

Style 04

손님초대 파티요리

파티라고 하면 왠지 거창한 것 같지만, 요즘은 집에서 손님을 초대하는 경우라도 간단
한 테이블셋팅과 약간의 요리 스타일링은 꼭 필요한 것 같아요. 어렵지 않은 몇
가지 요리와 파티 스타일링을 기억해두면 손님들에게 나만의 살림 센스도 뽐내고 오래오래 기억될
만한 추억도 만들 수 있답니다.

게살의 부드러운 감촉과 바다의 향기를 머금은 짠맛은 한 숟갈씩 먹을 때마다 감동을 주기에 충분해요.
파티요리의 에피타이저로 게살만큼 어울리는 요리가 없어요.
10점 만점에 10점으로 다음 요리를 기대하게 만드는 맛이에요.

게살수프

❉ Ready

냉동게살 · · · · · · · · · · · · 200g	닭육수 · · · · · · · · · · · · 1½컵	청주 · · · · · · · · · · · · 1큰술
팽이버섯 · · · · · · · · · · · · ½개	('스완슨'의 치킨 브로스 제품 사용)	오일 · · · · · · · · · · · · 1큰술
대파 · · · · · · · · · · · · ½뿌리	물 · · · · · · · · · · · · 1½컵	녹말 · · · · · · · · · · · · 2~3큰술
달걀흰자 · · · · · · · · · · · · 1개	소금 · · · · · · · · · · · · 약간	참기름 · · · · · · · · · · · · 1큰술

❉ Recipe

01 열이 오른 냄비에 오일과 채 썬 대파를 넣고 볶다가 볶아진 대파는 꺼내고 닭육수와 물을 부어준 후 물기를 빼놓은 게살을 넣어 끓여준다. 끓어오르면 청주 1큰술을 넣는다.

02 달걀흰자는 머랭 상태가 되도록 휘핑기로 거품을 내준다.

03 ①이 바글바글 끓어오르면 팽이버섯을 넣고 한 번 더 끓여준 후 녹말과 물을 동량으로 넣어 농도를 내고 간을 본다. 여기에 머랭 상태로 만든 달걀흰자를 넣고 저어가며 끓여준 후, 참기름을 넣고 소금간을 해서 마무리한다.

Anne's Style

에피타이저는 약간 모자란 듯한 양으로 여운을 남긴다

에피타이저는 말 그대로 메인요리에 앞서 입맛을 돋우는 요리에요. 너무 많은 양을 내면 메인요리를 맛보기도 전에 속이 든든해져서 정작 메인요리를 먹을 때 그 맛을 충분히 느끼지 못할 수가 있죠. 약간 모자란 듯 작은 볼에 담아서 에피타이저의 느낌을 최대한 살려 주는 것이 좋아요.

만들기도 비교적 쉽고 만들어 놓으면 제일 인기가 좋은 메뉴랍니다. 파티뿐만 아니라 도시락이나 아이들 간식으로도 손색이 없어요. 각자 좋아하는 채소나 과일들을 마음껏 가감하여 만들 수 있으니까 레시피에 연연하지 말고 신선한 제철 채소나 과일로 취향에 따라 만들어 보세요.

닭가슴살또띠아롤

✳ Ready

또띠아 · · · · · · · · · · · · · · · 4장	닭가슴살 · · · · · · · · · · · · · · · 2쪽	**재움 양념**
파프리카 · · · · · · · · · · · · · · · ½개	마요네즈 · · · · · · · · · · · · · 적당량	로즈마리 · · · · · · · · · · · · · · · ½큰술
양상추, 로메인 · · · · · · · · · · · 적당량		올리브유 · · · · · · · · · · · · · · · 1큰술
양파 · · · · · · · · · · · · · · · ½개		소금 · · · · · · · · · · · · · · · 약간
슬라이스치즈 · · · · · · · · · · · 4장		후추 · · · · · · · · · · · · · · · 약간

✳ Recipe

01 닭가슴살은 재움 양념 재료를 넣어 잠시 재웠다가 팬에 구워준다. 파프리카는 굵게 채 썰고, 양파는 슬라이스해 물에 담갔다 물기를 빼둔다.

02 또띠아는 전자레인지에 잠깐 돌리거나 찜통에 살짝만 찐다.

03 또띠아에 로메인과 양상추를 먼저 올리고, 치즈, 채소, 닭고기, 마요네즈를 올린다.

04 속 재료를 올린 또띠아를 말아 한입 크기로 썰어 완성한다.

Anne's Style

한입 크기 핑거푸드로 센스를 발휘하다

닭가슴살또띠아롤은 그냥 말아 놓은 큰 롤 채로 먹기도 하지요. 하지만, 파티에서는 먹기 편하도록 김밥처럼 한 입 크기로 썰어서 예쁜 손잡이를 하나씩 꽂아주는 센스가 필요해요. 먹기에도 좋지만 보기에도 더욱 신경을 써서 차려 낸 듯한 느낌도 줄 수 있으니까요.

문어는 다소 생소하고 어려운 재료라고 생각하기 쉬운데 절대 그렇지 않아요.
꽁꽁 얼려둔 문어를 어디에다 쓸까, 그냥 데쳐서 초고추장에나 찍어먹을까 생각하고 있었다면
문어샐러드로 변신시켜 보세요. 파티요리에는 에피타이저로 제격이랍니다.

문어샐러드

✻ Ready

		소스			
자숙문어	120g	다진 생강	½큰술	참기름	½큰술
팽이버섯	50g	두반장	⅓큰술	올리브오일	1큰술
샐러드용 채소	적당량	간장	1큰술	소금	약간
		유자청	1큰술	후추	약간

✻ Recipe

01 자숙문어는 한 번 더 데쳐 준다.

02 데친 문어는 한입 크기로 자른다.

03 팽이버섯은 3cm 길이로 자른다.

04 볼에 문어와 팽이버섯, 채소, 소스를 넣어 살짝 버무린 후 샐러드 접시에 담아낸다.

Anne's Style

재료끼리 서로서로 줄을 맞추다

모두 함께 넣어 버무려 내는 샐러드는 완성품이 비슷한 모양으로 나오는 것 같아요. 문어가 들어간 샐러드라는 표시도 낼 겸 문어와 채소를 분리해 담아주면 한결 정돈된 느낌으로 간단하게 스타일링 할 수 있어요.

브로콜리와 게살, 크림소스가 만난 그 맛이 정말 일품인 요리예요. 군더더기 없이 깔끔한 맛이
먹는 내내 감탄사를 연발하게 만들지요. 평소에 먹는 파스타 외에 좀 더 특별하면서도
부담 없이 먹을 수 있는 파스타를 찾고 있었다면 딱 맞아요.

브로콜리 게살파스타

✽ Ready

냉동게살 · · · · · · · · · · · 100g
파스타면 · · · · · · · · · · · 140g
브로콜리 · · · · · · · · · · · 1송이
마늘 · · · · · · · · · · · · · 3~4쪽
양파 · · · · · · · · · · · · · ½개
올리브오일 · · · · · · · · · · 2큰술
날치알 · · · · · · · · · · · · 1큰술
생크림 · · · · · · · · · · · · 1컵
우유 · · · · · · · · · · · · · ½컵
화이트와인 · · · · · · · · · · 1큰술
파르마산치즈가루 · · · · · · · 2큰술
소금 · · · · · · · · · · · · · 약간
후추 · · · · · · · · · · · · · 약간

✽ Recipe

01 냉동게살은 해동 후 체에 밭쳐 물기를 뺀다. 마늘은 슬라이스하고, 양파는 잘게 썰고, 브로콜리는 한입 크기로 손질한다.

02 끓는 물에 소금을 약간 넣고 손질한 브로콜리를 데쳐낸다.

03 끓는 물에 소금과 올리브오일을 약간 넣고 면을 넣어 삶아 체에 건져 올리브오일 1큰술을 넣고 잘 섞어 놓는다.

04 팬에 올리브오일을 두르고 마늘과 양파를 넣어 볶다가 게살을 넣고 화이트와인을 뿌려 살짝 볶은 후 생크림, 우유, 브로콜리를 넣어 바글바글 끓인다.

05 ④에 삶아 놓은 파스타를 넣어 한 번 더 끓이고, 접시에 날치알과 함께 담아낸다.

Anne's Style

요리가 돋보이는 색을 찾아 재료로 쓰다

크림소스로 버무려져 자칫 재료의 색이 밋밋해 보일 수 있는 요리라서 마지막에 선명한 주황색의 날치알을 듬뿍 올려 주었어요. 요리가 전체적으로 화사해지고 톡톡 터지는 날치알의 식감이 파스타에 더욱 특별한 여운을 남길 수 있어요.

스페인에서는 바비큐 파티에 꼭 빠지지 않는 음료랍니다. 어떤 요리와도 잘 어울려서 메인요리에
관계없이 파티 때마다 활용할 수 있지요. 시원하게 얼음을 띄워 먹어야 더욱 맛이 좋아요.
흔한 와인보다는 간단한 칵테일 하나가 분위기를 더욱 살아나게 해요.

상그리아

❋ Ready

레드와인	1병	라임즙	1큰술
무가당오렌지주스	100ml	얼음	적당량
레몬	2개		
설탕	1큰술		

❋ Recipe

01 레몬은 1개에 10~16토막 정도 나오도록 큼직하게 썰어준다.

02 재료를 모두 준비한다.

03 상그리아 담을 병에 와인과 설탕, 오렌지주스, 라임즙을 넣어 섞는다.

04 만든 지 1시간가량 지나야 좋으므로 재료를 다 섞은 후 냉장고에 보관했다가 먹기 직전에 얼음을 채워낸다.

Anne's Style

투명한 유리병에 음료를 담아 청량감을 더하다

파티에서 음료를 준비해 두는 병은 투명한 것이 좋아요. 음료의 색이 예뻐서 그 색 자체가 스타일링이 된다면 두말할 나위가 없겠죠. 각자 칵테일 잔에 음료를 따라 먹을 수 있도록 잔을 준비해두고 얼음 조각을 가득 띄운 상그리아 병을 옆에 두면 누구나 먹고 싶을 만큼 시원한 느낌이 그대로 전해져요.

춘권피 속에 꼭꼭 숨어 있는 여러 가지 맛있는 재료를 한 입에 쏘옥 먹으면 입 안 가득 행복함이 퍼져요.
고소한 춘권피 안에 아삭아삭 씹히는 고기와 채소의 환상 조합은 춘권피를 좋아할 수밖에 없는 이유랍니다.
하나씩 집어 먹기 좋아서 그대로 딱 파티 메뉴예요.

스프링롤

✱ Ready

춘권피	10장	다진 마늘	½큰술
다진 돼지고기	100g	다진 파	1큰술
다진 새우	100g	소금	약간
숙주나물	50g	후추	약간
양파	½개	식용유	적당량
달걀 노른자	1개		

✱ Recipe

01 숙주는 데쳐 물기를 꼭 짠 후 다진다. 다진 돼지고기, 다진 새우, 다진 숙주, 다진 양파, 달걀 노른자, 다진 마늘, 다진 파, 소금, 후추를 넣고 잘 치댄다.

02 춘권피에 ①의 튀김소를 적당히 올린 다음 달걀노른자를 살짝 묻혀 풀어지지 않게 잘 말아둔다.

03 170~180℃의 튀김팬에 ②를 노릇하게 튀겨낸다.

Anne's Style

깔끔하게 속재료를 감춘 겉모습을 탐하다
스프링롤은 만드는 방법이나 속재료가 아주 다양해요. 튀기지 않고 라이스페이퍼에 싸서 먹기도 하지요. 앤키친표 스프링롤은 중국식 춘권으로 깔끔하게 속재료를 감추는 게 특징이에요. 비스듬하게 면을 잘라 내거나 큼직하게 만들 수도 있지만, 손으로 집기 쉽고 군더더기 없는 겉모습이 훨씬 스타일이 살아요.

파티하면 역시 하나씩 간편하게 집어 먹는 게 맛이거든요.
아주 아주 간단하면서도 모양은 한껏 낼 수 있는 파티요리의 일등공신 핑거푸드를 소개할게요.
손가락으로 살짝 집어 우아하게 먹기 좋은 예쁜 요리랍니다.

모양에 반해 버린
토마토브루스케타

✳ Ready

바게트	8개	발사믹비니거	1큰술
토마토	2개	소금	약간
다진 마늘	1큰술	후추	약간
올리브오일	3큰술		

✳ Recipe

01 바게트는 1cm 두께로 썰고 다진 마늘, 올리브오일을 섞어 한 면에 발라준다.

02 ①의 바게트는 180℃ 오븐에 구워준다.

03 토마토는 껍질을 벗기고 씨를 털어낸 후 작은 주사위 모양으로 썬다.

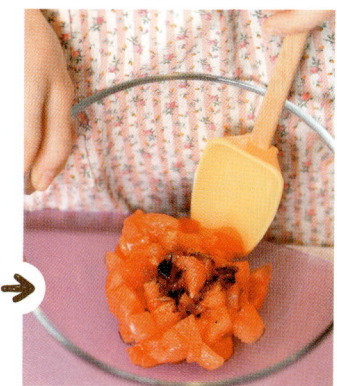

04 토마토에 발사믹비니거, 소금, 후추를 약간 넣어 버무린다. 오븐에 구운 바게트 위에 양념한 토마토를 얹어낸다.

Anne's Style

접시 위에 파슬리 눈을 흩뿌리다
파슬리 가루는 여러모로 요리에 즐거움을 줄 수 있는 재료랍니다. 사실 맛을 내기 위해서라기보다는 장식의 의미가 더욱 크죠. 때때로 심심한 요리에 살짝 뿌려주면 은은한 향과 함께 요리를 더욱 보기 좋게 만들어 줘요.

역시 파스타의 최고봉은 해물파스타인 것 같아요.
쫄깃하고 담백한 해산물과 부드러운 파스타 면발은 참 잘 어울리는 한 쌍이죠.
거기에 새콤한 토마토소스가 어우러지면서 완벽한 맛의 하모니를 연주합니다.

해물토마토소스파스타

❋ Ready

파스타면 · · · · · · · · · · · · · · 140g
중하새우 · · · · · · · · · · · · 8마리
갑오징어 · · · · · · · · · · · · · · 100g
홍합 · · · · · · · · · · · · · · · · · 200g
바지락 · · · · · · · · · · · · · · · · 1팩
마늘 · · · · · · · · · · · · · · · · 3~4쪽
양파 · · · · · · · · · · · · · · · · · ½개
올리브오일 · · · · · · · · · · · 2큰술
토마토소스 · · · · · · · 2컵(시판용)
화이트와인 · · · · · · · · · · · 2큰술
소금 · · · · · · · · · · · · · · · · · · 약간
후추 · · · · · · · · · · · · · · · · · · 약간

❋ Recipe

01 마늘은 슬라이스하고, 양파는 잘게 썰고, 해물은 깨끗이 씻어 손질해 놓는다.

02 끓는 물에 소금과 올리브오일을 약간 넣고 면을 넣어 삶아 체에 건진 후 올리브오일을 1큰술 넣고 잘 섞어 놓는다.

03 팬에 오일을 두르고 마늘과 양파를 볶는다.

04 ③에 해물을 모두 넣어 강불에서 볶다가 화이트와인을 뿌려 한 번 더 볶는다.

05 해물이 약간 익으면 토마토소스를 넣고 볶다가 바글바글 끓이고, 삶아 놓은 파스타면을 넣어 한 번 더 끓여서 완성한다.

Anne's Style

서양요리에 전통 식기를 크로스오버하다

레스토랑에서 파스타요리는 대부분 넓고 적당히 오목한 흰색의 식기에 담는 것이 보통이죠. 가정에서도 파스타하면 떠오르는 전용 식기가 하나쯤은 있을 거예요. 하지만 그런 고정관념을 깨고 투박한 흑색의 옹기에 파스타를 담아봤어요. 토마토소스의 붉은색이 오히려 어두운 그릇과 더 잘 어울리는 것 같아요.

게살은 정말 여러 가지 요리에 활용할 수 있는 재료인 것 같아요.
다른 어패류에 비해 담백한 맛과 부드러운 식감이 조리를 쉽게 해주죠. 샐러드로도 잘 어울려서
여러 채소들과 함께 버무리면 결코 흔하지 않은 맛의 샐러드를 완성할 수 있어요.

홍게살샐러드

❋ Ready

		샐러드 드레싱			
홍게살	100g	양파	½개	파인애플 링	1개(과즙 5큰술)
양상추	적당량	마요네즈	2½큰술	소금	약간
유기농 채소	적당량	올리브유	3큰술	후추	약간

❋ Recipe

OI 냉동 홍게살은 실온에 해동하거나 찬물에 봉지 채 넣어 해동시킨 후 냉수에 한 번 정도 헹궜다가 체에 밭쳐 물기를 빼놓는다.

02 샐러드 드레싱 재료를 핸드믹서로 곱게 갈아 드레싱을 만들어 놓는다.

03 양상추와 유기농 채소는 적당하게 손으로 뜯어 냉수에 담가 놓는다. 샐러드 접시에 준비한 채소와 홍게살을 담고 드레싱을 얹어 낸다.

Anne's Style

손으로 뜯어 채소의 싱싱함 그대로 담아내다

양상추와 유기농 채소는 잘게 썰어 먹을 수도 있지만 그보다는 손으로 뜯어 큼직하게 사용하는 게 더욱 싱싱한 느낌을 준답니다. 푸른 텃밭 위에 홍게살을 그대로 얹어 놓은 듯 자연스러움을 연출해 보세요.

여자들이 특히 좋아하는 핑거푸드예요.
피부에 좋다는 연어와 아삭아삭 양상추가 만나 먹기에도 아까운 앙증맞은 요리가 탄생하죠.
쉽게 질리지 않고 깔끔한 뒷맛에 하나둘 빠져들게 만든답니다.

눈, 코, 입이 즐거운
훈제연어 카나페

❋ Ready

		타르타르소스			
훈제연어	·············· 8장	마요네즈	·············· 3큰술	레몬즙	·············· 1큰술
양상추	·············· 4장	다진 양파	·············· 1큰술	소금	·············· 약간
케이퍼	·············· 약간	다진 피클	·············· ½큰술	후추	·············· 약간
무순	·············· 약간				

❋ Recipe

O1 타르타르소스는 분량대로 섞어 놓는다.

02 양상추는 먹기 좋은 한입 크기로 손질해 놓는다.

03 손질해 놓은 양상추 위에 해동된 훈제연어와 무순을 올려 돌돌 말아 그 위에 올린다. 훈제연어 위에 케이퍼 하나를 올리고 그 위에 타르타르소스를 올려 완성한다.

Anne's Style

먹을 수 있는 접시로 실용의 미를 추구하다

양상추는 요리의 재료이기도 하지만 완성된 요리를 먹을 때 작은 접시 역할을 해요. 양상추 접시를 살짝 들고 한입에 쏘옥 넣으면 아주 먹기 쉬우니까요. 작은 부분까지 배려하는 파티 마스터의 세심함을 느낄 수 있는 부분이랍니다.

치즈를 듬뿍 얹은 치킨스테이크는 남녀노소 누구나 한 눈에 흠뻑 빠져들 만한 요리에요.
일인분씩 따로 요리할 필요 없이 하나를 조금씩 덜어 먹도록 준비해도 좋아요. 곁들이 채소와 함께 먹으면
훌륭한 샐러드가 되기 때문에 적은 양으로도 많은 사람의 배를 든든하게 해주지요.

누구나 좋아하는
발사믹 치킨스테이크

KITCHEN

❋ Ready

닭가슴살	300g
발사믹비니거	4큰술
다진양파	2큰술
레드와인	2큰술
올리브오일	1큰술
마늘	2톨
모차렐라치즈	적당량
소금 · 후추	약간씩

❋ Recipe

01 닭가슴살은 발사믹비니거, 다진 양파, 레드와인, 올리브오일, 소금, 후추를 넣어 1시간가량 마리네이드한다.

02 마늘은 슬라이스해 팬에 오일 1큰술을 두르고 볶는다.

03 ②의 팬에 마리네이드한 닭가슴살을 넣어 지진다.

04 마리네이드했던 소스를 넣어 완전히 익을 때까지 조리듯 지져낸다.

05 닭가슴살이 익으면 꺼내어 오븐팬에 올리고 모차렐라치즈를 적당히 얹어 250℃ 오븐에서 10분간 구워낸다.

Anne's Style

커다란 접시에 인심까지 넉넉하게 담아내다

곁들이로 샐러드용 야채나 과일 등을 큰 접시에 넉넉히 담아내 보세요. 한 가지 요리로 스테이크와 샐러드, 두 가지 메뉴를 준비한 효과를 얻을 수 있어요. 치즈를 듬뿍 올려 녹아내리면 그 쫀득쫀득함이 눈으로 보여요.

파티에서 핑거푸드의 인기는 두말할 필요가 없지요. 집에서 간단히 준비하는 소규모의 다과상이라도
이런 핑거푸드가 놓여 지면 손님들은 큰 대접을 받은 것 같은 감동을 느끼게 된답니다.
만드는 방법도 너무 간단해서 바로바로 만들어내기 좋아요.

아스파라거스베이컨말이

❋ Ready

아스파라거스 · · · · · · · · · · · · · · · 6개
베이컨 · · · · · · · · · · · · · · · · · · · 6개
후추 · 약간
파슬리가루 · · · · · · · · · · · · · · · · 약간
소금 · 약간

❋ Recipe

OI 아스파라거스는 밑동을 1cm정도만 잘라내고 필러로 껍질을 얇게 벗겨낸다.

02 끓는 물에 소금을 조금 넣어 아스파라거스를 살짝 데쳐낸 후 찬물에 담갔다 물기를 제거해 둔다.

03 아스파라거스에 베이컨을 돌돌 말아 준다.

04 ③을 오븐팬에 올려 후추와 파슬리가루를 살짝 뿌린 후 200℃로 예열된 오븐에서 15분 정도 구워낸다.

Anne's Style

보기에 좋고 먹기에도 좋도록 돌돌 깔끔하게 말아 내다
손님들이 먹기 편하도록 아스파라거스에 베이컨을 돌돌 잘 말아주어야 모양도 예쁘게 나와요. 긴 그릇에 일렬로 쌓아도 되고 둥근 그릇에 쌈채소를 깔고 교차로 얹듯이 쌓아서 내도 돼요.

가지는 우리 음식에서도 잘 쓰이지 않는 재료인 것 같아요. 항상 냉장고에 구비하고 먹는 채소는 아니지요.
사놓고도 나물처럼 볶고 조리는 것 외에 어떻게 먹어야 할지 모르겠다고요?
바게트빵만 있으면 이렇게 놀라운 초대요리로 변신할 수 있는 게 바로 가지랍니다.

가지브루스케타

✳ Ready

가지 · · · · · · · · · · · · · · · · · · · 1개
바케트빵 · · · 12조각(1cm로 썰어놓은 것)
발사믹비니거 · · · · · · · · · · · · · 1큰술
소금 · · · · · · · · · · · · · · · · · · · 약간
후추 · · · · · · · · · · · · · · · · · · · 약간

✳ Recipe

OI 가지는 얇게 슬라이스한다.

02 기름을 두르지 않은 마른 팬에 가지를 구워준다.

03 가지에 발사믹비니거를 넣어 버무린다.

04 얇게 썰어놓은 바게트빵 위에 양념한 가지를 올린다.

Anne's Style

땅위에 내려앉은 가을의 낙엽을 수놓다

바게트빵 위에 올려놓은 구운 가지의 모습이 꼭 낙엽 같아요. 너무 너무 간단해서 금방 만들어 낼 수 있는데 비해, 바게트 위에 살포시 올라앉은 가지의 모양새가 매우 신경 써 차려낸 듯 한 인상을 줄 수 있는 마법 같은 요리랍니다. 접시에 빙 둘러 담고 가운데에 손으로 집어 먹기 좋은 방울토마토를 곁들여 주면 감탄이 절로 나와요.

손님은 왕이라는 말도 있지만, 우리집을 찾은 손님이야말로 정말 왕처럼 대접해야 하지 않을까 싶어요.
직접 먹고 싶은 요리를 사먹는 것도 아니고 남의 집에 와서 전혀 취향이 다른 음식 맛이나
대접에 만족감을 느끼기란 여간해선 어려운 일이죠. 그런데 이 새우브루스케타는
여러 취향을 만족시킬 만큼 참 좋은 맛이랍니다.

새우브루스케타

✳ Ready

칵테일새우	200g	마요네즈	2큰술
바케트빵	12조각(1cm로 썰어놓은 것)	레몬즙	1큰술
오이	1/5개	소금	약간
양파	1/6개	후추	약간

✳ Recipe

01 오이는 세로로 4등분해 얇게 썰고, 양파도 잘게 썬다.

02 해동한 칵테일 새우와 오이, 양파를 넣고 마요네즈와 레몬즙, 소금, 후추를 넣어 버무려준다.

03 얇게 썰어놓은 바케트빵 위에 ②를 올린다.

Anne's Style

바게트가 비좁을 만큼 풍성하게 올려내다

이 요리는 바게트가 주인공이 아니라 바게트 위에 올리는 야채와 새우 토핑이 주인공이죠. 그런데 바게트 위에 토핑이 손톱만큼 올려져 있다면 볼품없기도 하거니와 맛도 덜해요. 바게트를 그릇이라 생각하고 토핑을 그릇이 좁을 만큼 올려주세요. 볼이 빵빵하게 한 입 베어 물면 행복할 만큼이요.

요즘은 와인이 대중화되면서 가정에서도 와인을 식사와 함께 즐기거나 초대상에도 올리는 경우가 많아졌어요.
그런데 와인과 함께 곁들일 안주 만들기가 좀 망설여졌다면 이 카나페를 기억하세요.
금방 만들기 쉬워서 갑작스레 찾아온 손님상도 문제없지요.

햄치즈카나페

✷ Ready

참크래커 · · · · · · · · · · · · · · · 12개
슬라이스치즈 · · · · · · · · · · · · · 3장
슬라이스햄 · · · · · · · · · · · · · · 3장
방울토마토 · · · · · · · · · · · · · · 6개
치커리 · · · · · · · · · · · · · · · · 약간

✷ Recipe

01 슬라이스치즈와 슬라이스
햄은 4등분하고, 크래커와 방
울토마토, 치커리를 준비한다.

02 방울토마토는 반으로 자른다.

03 크래커 위에 슬라이스햄,
슬라이스치즈, 치커리, 방울토
마토를 차례대로 올린다.

Anne's Style

어느 하나 버릴 것 없이 완벽한 조화를 이루다

카나페의 정석이라 할 만큼 기본적인 모양의 햄치즈카나페. 방울토마토는 없으면 안 올
려도 되나요? 치커리 대신 양상추를 써도 되나요? 라고 묻지 마시고 모든 재료를 준비해
만들어 주세요. 물론 맛에서는 크게 달라지지 않겠지만, 이렇게 예쁜 모양이 나오려면 이
정도 기본재료는 준비해 줘야겠죠?

커.피.향.과.빵.굽.는.냄.새.로.시.작.하.는.아.침.

Style 05

휴일의
여유로운 브런치

브런치라는 말이 널리 쓰인 건 얼마 되지 않지만, 언제나 주말이면 늦은 아침과 이른 점심을 함께 먹는 가정이 대부분이었을 거예요. 다만 늦잠을 자고 부스스한 차림으로 챙겨먹는 아침이 아니라 하루를 여유롭게 시작하기 위해 간단하게 즐기는 아침이라는 게 약간의 차이겠지요. 브런치로는 부담스럽지 않고 간단한 요리가 적당해요. 몸과 마음이 가벼워지는 상쾌한 휴일을 브런치와 함께 시작하세요.

이탈리아식 달걀찜이라고 할 수 있는 프리타타는 만들기가 너무 간단해서
휴일 아침에 잘 어울리는 요리예요. 먹기에 전혀 부담 없고 몸에 좋은 재료만 쏙쏙 골라내서
하루를 개운하게 시작할 수 있어요.

버섯시금치프리타타

※ Ready

시금치 · · · · · · · · · · · · · · ·	50g
표고버섯 · · · · · · · · · · · · ·	2개
베이컨 · · · · · · · · · · · · · · ·	6장
달걀 · · · · · · · · · · · · · · · ·	4개
양파 · · · · · · · · · · · · · · · ·	½개
생크림 · · · · · · · · · · · · · · ·	½컵
슬라이스치즈 · · · · · · · · · · ·	2장
파르마산치즈 · · · · · · · · · · ·	2큰술
모차렐라치즈 · · · · · · · · · · ·	2큰술
소금 · · · · · · · · · · · · · · · ·	약간
후추 · · · · · · · · · · · · · · · ·	약간
올리브오일 · · · · · · · · · · · ·	1큰술

※ Recipe

01 양파, 베이컨은 잘게 자르고, 시금치는 손질해 반으로 썰고, 표고버섯은 얇게 슬라이스한다.

02 팬에 오일을 두르고 양파와 베이컨을 먼저 볶다가 버섯, 시금치 순으로 넣어 볶아준다.

03 달걀에 생크림을 넣어 곱게 풀어 놓는다.

04 1인용 오븐용기에 볶아놓은 속재료를 나누어 담고 풀어 놓은 달걀을 채워준다.

05 ④에 파르마산치즈와, 슬라이스치즈, 모차렐라치즈를 넣어 180℃ 오븐에서 20~25분 정도 구워낸다.

Anne's Style

넘치는 것보다 조금 부족한 게 낫다

대개 한국인들은 아침을 든든하게 먹어야 한다고 하잖아요. 하지만 휴일에는 굳이 아침을 거하게 먹을 필요가 없다고 생각해요. 브런치로 가볍게 하루를 시작하는 것이 오히려 휴일을 즐길 줄 아는 지혜랍니다.

별로 특별할 것도 없는 요리지만 브런치 메뉴로 궁합이 좋은 소시지와 감자의 만남이에요.
입에 착착 붙는 소시지와 부드러운 감자가 바질과 블랙페퍼의 향과
어울려 어렵지 않게 근사한 브런치를 차려낼 수 있어요.

수제소시지와 감자구이

❈ Ready

수제소시지	5개	유기농 채소	약간
감자	3개	설탕	½큰술
드라이바질	1큰술	소금	½큰술
블랙페퍼	적당량	올리브오일	2큰술

❈ Recipe

OI 감자는 3~4cm 정도로 깍둑썰고, 수제소시지는 2cm 정도 폭으로 어슷하게 썰어 준비한다.

02 감자는 물 3컵 정도를 넣고 약 10분 간 설탕과 소금으로 간하며 푹 삶는다.

03 오븐용 그릇에 삶아진 감자와 수제소시지를 담고 분량의 올리브오일과 블랙페퍼, 바질을 넣고 잘 버무린다. 200℃로 예열된 오븐에서 25분간 구워낸다.

Anne's Style

좋은 재료로 기분 좋은 휴일을 만들다

소시지는 워낙에 여러 종류가 있기 때문에 선택을 하기가 쉽지 않을 거예요. 소시지가 부재료가 되는 요리라면 상관없지만, 그냥 구워서 그대로를 먹는 경우에는 수제소시지를 고르는 게 현명해요. 감자도 쪘을 때 포슬포슬함이 느껴지는 햇감자라면 더할 나위 없겠죠.

이름만 들어도 새콤함과 신선함이 묻어나는 오렌지는 닭가슴살과 잘 어울리고,
상큼한 느낌이 휴일의 아침과도 닮았어요.
빵이나 음료와 함께 곁들여도 좋고 그냥 샐러드 하나만 먹어도 꽤 든든하지요.

오렌지닭가슴살샐러드

✳ Ready

닭가슴살 ············· 1쪽(100g)
유기농 채소 ·········· 적당량
오렌지 ··············· 1개

닭가슴살 마리네이드
로즈마리 ············· 약간
소금 ················· 약간
후추 ················· 약간
청주 ················· 1큰술

오렌지드레싱
오렌지 ··············· ½개
레몬즙 ··············· 1큰술
꿀 ··················· 1큰술
레드와인비니거 ······· 1큰술
설탕 ················· ½큰술
올리브오일 ··········· 2큰술

✳ Recipe

01 닭가슴살은 반으로 저미며 손질한다.

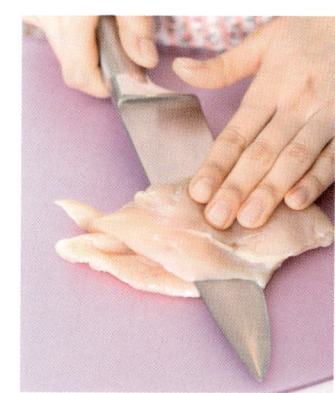

02 닭가슴살에 로즈마리와 소금, 후추, 청주를 넣고 20분간 마리네이드한다.

03 오렌지는 칼로 껍질을 벗겨낸다.

04 껍질을 벗겨낸 후, 먹기 좋은 한입 크기로 썰어 준비한다.

05 채소는 깨끗이 씻어 한입 크기로 손질한 후 얼음물에 담가 둔다.

06 로즈마리로 마리네이드된 닭가슴살을 달궈진 팬에 포도씨유을 두르고 노릇하게 구워 먹기 좋은 크기로 썰어 접시에 유기농 채소와 오렌지로 모양내고 닭가슴살을 담아낸다.

햇살이 방 깊숙이 파고들 때까지 늦잠을 잘 수 있는 휴일의 특권 중 하나는 바로 커피향을 맡으며
느긋하게 잠에서 깰 수 있다는 사실이죠. 커피향이 가득 담긴 토스트를 베어 물고 음악을 듣거나
신문을 보는 시간은 그 어떤 것과도 바꿀 수 없는 행복감을 줘요.

커피프렌치토스트

❋ Ready

식빵	· · · · · · · · · · · · · · · · ·	4장
달걀	· · · · · · · · · · · · · · · · ·	2개
설탕	· · · · · · · · · · · · · ·	2큰술
인스턴트커피	· · · · · · · · · · ·	1큰술
생크림	· · · · · · · · · · · · · · ·	4큰술
슈거파우더	· · · · · · · · · · · ·	적당량
버터	· · · · · · · · · · · · · ·	2큰술

❋ Recipe

01 달걀에 설탕과 생크림을 넣어 곱게 풀어준다.

02 인스턴트커피는 뜨거운 물을 약간 넣어 잘 녹인 후 ①에 섞는다.

03 식빵은 삼각형 모양으로 썰어준다.

04 ②에 식빵을 담가 커피달걀물이 잘 입혀지도록 한다.

05 팬에 버터를 녹인 후 커피달걀물을 입힌 식빵을 앞뒤로 노릇하게 지져낸다. 접시에 담아 슈거파우더를 뿌려낸다.

Anne's Style

함께 먹으면 어울리는 재료를 곁들여내다

토스트만으로는 왠지 심심하고 밋밋함이 느껴진다면 고구마로 맛탕을 조금 만들어서 곁들이고 유기농 채소를 함께 담아내 보세요. 한결 브런치가 풍성해진 느낌이 들면서 맛과 영양도 업그레이드 된답니다.

고소한 맛 덕분에 그냥 먹어도 너무 맛있는 크루아상은 샌드위치로 만들면 굉장히 먹음직스러운 모양의
샌드위치가 만들어진답니다. 그냥 식빵으로 만드는 것보다 모양도 예쁘지요.
채소나 햄 종류를 다른 것으로 바꾸어 취향에 따라 샌드위치를 만들어보세요.

크루아상샌드위치

※ Ready

크루아상	4개	양파	약간
터키햄	8장	양상추	적당량
슬라이스치즈	4장	로메인	4장
토마토	1개	마요네즈	적당량
오이피클	2개		

※ Recipe

01 크루아상은 반으로 칼집을 넣어준다.

02 크루아상에 마요네즈를 발라 준비한다.

03 양파는 얇게 슬라이스해 물에 담가 매운맛을 빼준다. 양상추도 깨끗이 씻어 물기를 제거해 손질해 둔다. 오이피클은 얇게 슬라이스하고, 터키햄은 반으로 썰어 준비한다. 토마토는 적당한 두께로 썰어 준비한다.

04 크루아상에 로메인, 슬라이스치즈, 토마토, 피클, 터키햄, 양상추 순으로 올려준다.

Anne's Style

집에서 먹는 음식이라도 기본을 챙기다

샌드위치는 안의 속재료가 많으면 모양이 흐트러지고 먹기에도 불편해지는 경우가 종종 있어요. 집에서니까 그냥 대충 샌드해서 접시에 올리는 것보다는 꼬치로 모양도 낼 겸 고정시켜 주면 한결 깔끔하고 먹기 편한 샌드위치가 돼요.

클럽샌드위치는 갬블러들이 출입하는 클럽하우스에서 개발되었다고 해서 붙여진 이름이래요.
호텔에서는 좀 더 재료를 업그레이드해서 꽤 비싼 가격이 붙어 있는 요리기도 해요.
그래봐야 샌드위치라는 생각, 먹어보면 싹 달라져요.

클럽샌드위치

❋ Ready

식빵	3쪽	베이컨	1장	소금	약간
닭가슴살	1쪽	양상추(또는 로메인)	적당량	후추	약간
토마토	2쪽	피클	½개	올리브오일	1큰술
슬라이스치즈	1장	양파	약간	마요네즈	1~2큰술
햄	1장	로즈마리	약간		

❋ Recipe

01 닭가슴살은 반으로 저미며 청주, 소금, 후추, 로즈마리로 마리네이드해 팬에 오일을 두르고 노릇하게 구워준다.

02 토마토와 피클은 얇게 썰고, 양파는 슬라이스해 찬물에 담가 매운맛을 빼준다. 샌드위치용 식빵을 노릇하게 구운 후 속재료와 닿는 부분에 마요네즈를 발라준다.

03 빵 위에 닭가슴살, 양파 등 준비한 재료들을 잘 올려준다.

04 완성된 샌드위치는 랩으로 잘 싼 후 먹기 좋은 크기로 썰어낸다.

Anne's Style

전천후 만능 메뉴로 샌드위치를 기억해두다

샌드위치는 든든한 밥이 되기도 하고 출출할 때 간식이 되기도 하면서 도시락으로도 활용도가 높아요. 특히 클럽샌드위치는 겹겹이 푸짐한 재료가 들어가기 때문에 손님이 오셨을 때 프렌치프라이와 함께 큰 접시에 담아내도 훌륭한 접대 음식이 되지요.

마치 파리의 어느 노천카페를 연상케 하는 메뉴에요.
무심한 듯 하면서도 사실은 구석구석 신경을 쓴 바게트의 변신이 포인트지요.
모든 재료가 갖추어지지 않았다면 취향대로 가감해서 만들어도 좋아요. 그것 역시 파리 스타일이니까요.

파리브런치

❋ Ready

바게트	2개
가지	1개
표고버섯	4개
브리치즈	1팩
토마토	1개
양파	약간
로메인	적당량
파르마산치즈	1큰술
발사믹비니거	2큰술
소금	약간
후추	약간
마요네즈	적당량
모차렐라치즈	적당량

❋ Recipe

01 바게트빵은 20cm 길이로 반으로 갈라 팬에 굽고, 각 재료들은 손질해 준비해 놓는다.

02 가지는 얇게 썰어 마른 팬에 굽고, 표고버섯도 얇게 슬라이스해 오일을 살짝 두르고 볶는다.

03 볼에 구운 가지와 버섯을 담고 발사믹비니거와 파르마산치즈를 넣어 버무린다.

04 구운 바게트에 마요네즈를 바르고 로메인, 토마토, 가지와 버섯, 썰어놓은 브리치즈를 올린다.

05 ④에 모차렐라치즈를 얹어 200℃ 오븐에 치즈가 녹을 정도로 구워 완성한다.

Anne's Style

나만의 브런치를 만들어 이야기를 담다

사실 브런치란 것이 명확히 정해진 틀이란 게 없는 메뉴랍니다. 내가 좋아하는 재료와 조리법으로 그날의 기분에 따라 만들어 간단히 즐기면 된다고 생각해요. 형식에 구애받지 말고 빵이나 과일, 채소 등을 이용해 나만의 요리를 만들고 이름 붙여서 특별한 휴일 이야기를 만들어 보세요.

아침에 눈 비비고 부스스 일어나 이것저것 준비하기 너무 번거롭게 느껴질 때,
영양 가득한 감자를 양념해 구워내면 훌륭한 아침식사가 될 수 있다는 사실!
실제로 감자에는 칼슘을 제외하고는 우리가 섭취해야 할 필수 영양소 대부분이 함유되어 있다고 해요.
우유 한 잔을 곁들이면 환상의 조화를 이루지요.

로즈마리버터감자구이

❋ Ready

감자	3개	소금	약간
로즈마리	2큰술	후추	약간
버터	2큰술		

❋ Recipe

OI 감자는 깨끗이 씻어 웨지 감자 모양으로 썰고 전자레인지에 5분간 돌려 살짝만 익혀준다.

02 볼에 감자를 넣고 실온에 꺼내 부드러워진 버터와 소금, 후추를 넣어 버무려준다.

03 오븐용 그릇에 버터에 버무린 감자를 담고 로즈마리를 뿌려 200℃ 오븐에 25분간 구워준다.

Anne's Style

감자의 모양이 감자의 맛을 좌우하다

감자요리를 할 때면 어떤 모양으로 썰어야 할지 잠시 고민을 하게 될 거예요. 국이나 조림을 할 때라면 납작하게 써는 것이 보통이지만, 이런 구이요리를 할 때는 감자의 모양 그대로가 요리의 그림이 되기 때문에 사과를 써는 듯한 웨지감자 모양으로 잘라주어야 가장 예쁘고 맛도 좋아요.

늦잠을 자고 겨우 정오가 다 되어 일어났다고 해도 아침은 아침이에요.
속이 헛헛하고 쓰리다는 느낌이 들면 밥이나 빵 종류를 먼저 먹기엔 살짝 부담이 되죠.
그럴 때 따끈한 수프로 식사를 대신할 수 있다면 한결 부드럽게 하루를 시작할 수 있답니다.

바지락크림수프

❋ Ready

바지락 ·········· 2봉(1봉에 200g)
화이트와인 ············· 80cc
생크림 ················ 80cc
닭육수 ················ 200cc

버터 ················· 1큰술
다진 마늘 ············· 1큰술
소금 ················· 약간

❋ Recipe

01 바지락을 깨끗이 씻은 후, 팬에 버터를 녹이고 다진 마늘과 바지락을 넣어 볶아준다.

02 ①에 닭육수와 화이트와인을 넣고 끓여준다.

03 ②에 생크림을 넣고 한 번 더 끓여 준 후 소금으로 간한다.

Anne's Style

뽀얀 수프와 대비되는 어두운 색의 그릇에 담아내다

보통 수프는 흰색의 볼이나 손잡이 있는 큰 컵에 담아 먹는 게 보통이에요. 그런데 좀 어두운 색상의 투박한 볼에 담아봤더니 훨씬 식욕을 돋우고 모양도 예쁘더라고요. 달걀프라이와 샐러드를 곁들여 먹으면 나만의 완벽한 브런치 스타일이 완성됩니다.

가끔 여행을 가면 호텔의 간단한 아침 뷔페를 매일 집에서 먹을 수 있으면 좋겠다 싶더라고요.
사실 집에서 해먹을 수 있는 메뉴들이 대부분이니까요. 감자와 달걀은 거의 매일 냉장고에 들어 있는 재료이니
베이컨만 준비해두었다가 여행을 온 듯 호텔조식처럼 간편하게 즐겨보세요.

베이컨에그해쉬브라운

✳ Ready

감자	3개	버터	4큰술
베이컨	8장	소금	약간
달걀	4개		

✳ Recipe

01 감자는 얇게 슬라이스 해 곱게 채 썬다.

02 채 썬 감자는 물에 담가 준다.

03 베이컨은 충분히 굽고, 달 걀은 반숙 정도로 소금을 살짝 뿌려 프라이한다.

04 팬에 버터를 녹이고 채 썬 감자를 동그랗게 모양을 내어 가며 노릇하게 지져낸다.

Anne's Style

노른자가 살아있는 동그랗고 예쁜 프라이를 고수하다

이 요리에서 생명은 동그랗게 잘 자리 잡은 노른자가 선명한 달걀프라이랍니다. 달걀프라이는 제일 간단한 것 같아도 예쁘게 만들기가 만만치 않아요. 노른자가 터지지 않도록 살살 부쳐내고 달걀프라이 전용 팬을 사용하거나 넓은 뒤집개를 사용해서 뒤집어 주는 방법을 추천해요.

연어를 브런치로 먹는다면 어떤 요리가 될까요? 자칫 거하다고 생각할 수 있는 연어를 아주 간편한 스틱모양 요리로 만들어 봤어요. 소스는 미리 만들어 냉장고에 넣어 두고 연어를 잘라 튀겨내 찍어 먹으면 돼요. 그리 이른 아침의 요리가 아니니까 샐러드와 함께 즐기면 그리 부담되지 않는 튀김요리랍니다.

살몬스틱

※ Ready

연어	300g	튀김기름	적당량	다진 피클	½큰술
소금	약간			파슬리	약간
후추	약간	**타르타르소스 재료**		레몬즙	1큰술
달걀	2개	마요네즈	3큰술	소금	약간
튀김가루	4큰술	다진 양파	1큰술	후추	약간

※ Recipe

01 연어는 길쭉하게 스틱모양으로 썰어 소금과 후추를 뿌려 재운다.

02 재워놓은 연어에 튀김가루를 묻혀준다.

03 튀김가루를 묻힌 연어에 달걀옷을 입혀 170℃에서 튀겨준다.

타르타르소스를 만들어 곁들여 내세요.

Anne's Style

침대나 소파에서 아무렇게나 뒹굴며 먹다

대충 썰어서 튀긴 후에 포크로 먹는 것보다 이렇게 핑거푸드로 즐겨야 제격이에요. 다시 침대에 누워 하나씩 집어먹어도 좋고, 쇼파에 앉아 음악을 듣거나 TV를 보며 생각날 때마다 하나씩 먹기 좋지요. 종이봉투에 담아 산책하며 먹어도 좋고요. 그래야 정말 주말 기분이 나니까요.

베이글은 크림치즈를 발라먹는 것만으로도 담백하고 고소해 맛있는 빵이에요.
여기에 몇 가지 재료를 더하면 훨씬 풍성한 브런치 메뉴로 탄생합니다.
하나만 먹어도 배부른 양에 군더더기 없이 깔끔한 맛이 식사 대용으로 너무 좋아요.

연어크림치즈베이글샌드위치

※ Ready

베이글빵 · · · · · · · · · · · · · · · 4개
훈제연어 · · · · · · · · · · · · · · 200g
크림치즈 · · · · · · · · · · · · · · 4큰술
양파 · · · · · · · · · · · · · · · · · 1/4개
로메인 · · · · · · · · · · · · · · · · 4장

※ Recipe

OI 베이글빵은 반으로 갈라 마른 팬에 구워준다.

02 베이글빵에 크림치즈를 바른다.

03 크림치즈를 바른 베이글빵에 준비한 훈제연어 슬라이스와 양파, 로메인을 올린다.

Anne's Style

베이글을 4등분해서 미니 베이글을 만들다
베이글을 샌드위치를 만들어서 이렇게 4등분해 꽂이를 꽂아주면 먹기 편한 미니 베이글이 만들어져요. 그냥 통째로 내는 것보다 훨씬 양도 많아 보이고 보기에도 너무 예쁘죠. 먹는 모습도 예뻐 보이고 싶은 신혼에 딱이겠죠?

패스트푸드점 버거나 베이커리숍의 버거들을 사보면 빵의 크기에 비해 속 재료들이 너무 부실하다는 생각을 하곤 해요. 레스토랑이나 수제버거숍에서는 그나마 속 재료가 풍성한 버거를 맛볼 수 있지만 비싼 가격을 감수해야했죠. 집에서는 내 맘대로 양껏 재료를 넣어 만들어봐요.

홈메이드버거

❊ Ready

미니버거빵(모닝롤)	4개
햄버거패티	4개
토마토	4쪽
양상추	4쪽
슬라이스치즈	4개
피클	1개(8쪽)
양파	적당량
마요네즈	적당량
케첩	약간

햄버거패티 재료

다진 소고기	250g
달걀	1개
다진 양파	2큰술
빵가루	3큰술
소금	약간
후추	약간

❊ Recipe

01 햄버거 빵은 반으로 갈라 팬에 굽는다.

02 다진 소고기는 볼에 담아 굵게 다진 패티를 만든다.

03 달궈진 팬에 버터를 녹여 햄버거패티를 넣고 안까지 고르게 익도록 앞뒤로 지져낸다.

04 햄버거에 들어가는 재료를 준비한다.

05 구워놓은 빵에 마요네즈를 바르고 햄버거패티를 올려준 다음 그 위에 준비해놓은 재료들을 올린 후 케첩을 약간 발라 햄버거빵 뚜껑을 덮는다.

Anne's Style

빵과 속재료를 가지고 타워를 세우다

한입으로 베어 먹기 힘들만큼 높은 타워버거를 집에 있는 신선한 재료들로 쌓아올리는 정성은, 먹어보는 그 순간의 희열로 보상 받을 수 있지요. 나와 가족이 먹을 햄버거라면 밖에서 사 먹는 것과는 확실히 다르게 건강함과 푸짐함을 채워보세요.

정 . 성 . 을 . 담 . 아 . 예 . 쁜 . 마 . 음 . 까 . 지 .

Style 06

마음을 담은
선물과 포장법

음식을 나누는 것만큼 정감어린 선물도 없을거예요. 넉넉하게 만들어서 이웃이나 친구
와 나누고 작은 양이라도 함께 맛을 보고 싶어하는 마음이 서로서로 관계를 돈독
하게 해줘요. 만들기도 쉽고 나누기도 간편한 선물용 요리 몇가지를 소개합니다.

바삭바삭하고 짭조름하면서도 달달한 맛이 입이 심심할 때 간단한 요깃거리로 딱이지요.
반찬으로도 오래두고 먹을 수 있고 만들기도 간단해서 누구나 좋아한답니다. 국물이 흐르거나
모양이 변하는 것도 아니라서 여기저기 선물하기도 참 좋아요.

다시마튀각

✳ Ready

다시마(사방 10cm) ⋯⋯⋯⋯ 4장
잣가루 ⋯⋯⋯⋯⋯⋯⋯ 1큰술
식용유 ⋯⋯⋯⋯⋯⋯⋯ 1컵
설탕 ⋯⋯⋯⋯⋯⋯⋯ 적당량

✳ Recipe

01 다시마는 젖은 면보 또는 페이퍼로 앞뒤를 닦는다.

02 길이 5~6cm에 폭 1cm 정도로 자른다.

03 팬에 식용유 1컵을 넣고 기름이 너무 뜨겁지 않을 때 다시마를 넣어 바삭하게 튀긴다.

04 튀겨진 다시마는 체에 건져 여분의 기름을 털고 설탕을 먼저 고루 뿌려 섞는다. 완성된 다시마튀각에 잣가루를 뿌려 접시에 담는다.

Anne's Style

손이 가는 자리에 무심히 놓아두다

그냥 밥그릇처럼 오목한 그릇에 세우듯 담아두면 하나씩 집어 먹기 편해요. 거실 테이블이나 식탁, 책상 위, 어디든 간식이 고플 때 손이 저절로 가는 위치에 놓아두면 나름 장식적인 효과도 내면서 입이 심심할 일도 없어요. 선물할 때는 종이컵에 담아 투명한 비닐로 감싸고 리본을 살짝 묶어주면 받는 사람도 간편하게 즐길 수 있겠죠?

어른들에게 선물하면 단연 인기가 좋은 요리에요. 장아찌 종류는 반찬으로 오래 두고 먹을 수 있기 때문에
누구나 반가워할 만한 선물이기도 하지요. 더덕이라는 몸에 좋은 재료가 들어가서 그런지
간단한 반찬이지만 받는 사람이 아주 고마워 한답니다.

더덕장아찌

☀ Ready

더덕	500g	간장	1컵
마늘	5톨	물	½컵
마른고추	2개	식초	½컵
청고추	10개	설탕	½컵

☀ Recipe

OI 더덕은 껍질을 벗겨 반으로 갈라 방망이로 두들긴 후 그늘에 1~2일 말려 수분이 없이 시들게 만든다. 마늘은 반으로 썰고, 청고추는 어슷썰기 한다.

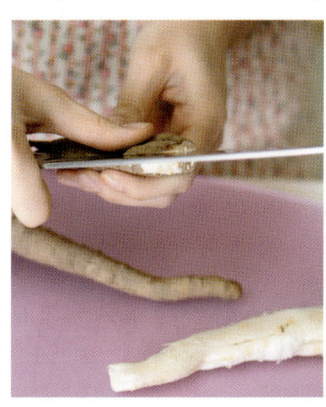

02 장아찌 간장은 마른 고추를 넣어 팔팔 끓인 후 식힌다.

03 장아찌 병에 더덕, 마늘, 청고추를 켜켜이 담고 장아찌 국물을 넣어 실온에 3일 정도 숙성시킨다. 숙성된 장아찌 국물은 냄비에 다시 따라내어 팔팔 끓인 다음 식혀서 다시 병에 담고 냉장 보관한다.

Anne's Style

잘 모아둔 유리병을 재활용하다

잼이나 소스를 다 먹고 나서 생기는 빈 유리병은 이럴 때 참 유용하게 쓰일 수 있어요. 미리미리 버리지 말고 잘 씻어 말려두면 좋은 선물용기가 되어 준답니다. 집에서 꺼내어 먹을 때는 플라스틱 용기가 간편하지만 선물을 하거나 소량을 담아둘 때는 유리로 된 빈병들이 참 쓸모가 있지요.

그냥 생것으로 먹어도 아삭하고 맛있는 것이 양파라서 그런지 다른 재료보다
장아찌로 담갔을 때 덜 부담스럽고 먹기 편한 것 같아요. 입맛 살려주는 데도 좋고 많이 담가서
이웃이나 친지들과 나눠먹기도 좋을 음식이라서 자주 자주 애용하고 있답니다.

양파 장아찌

✳ Ready

양파	1kg	물	⅔컵
마른고추	2개	식초	⅔컵
레몬	1개	설탕	⅔컵
간장	1½컵		

✳ Recipe

01 양파는 껍질을 벗겨 깍둑 썰기하고 레몬은 도톰하게 슬라이스한다.

02 장아찌 간장은 마른 고추를 넣어 팔팔 끓인 후 식힌다.

03 장아찌병에 양파, 레몬을 켜켜이 담고 장아찌 국물을 넣어 실온에 3일정도 숙성시킨다. 숙성된 장아찌 국물을 냄비에 다시 따라내어 팔팔 끓인 다음 식혀 다시 병에 담고 냉장 보관한다.

Anne's Style

예쁜 레몬으로 맛도 살리고 모양도 살리다

레몬은 새콤한 맛을 내기 위해 즙만 쏘옥 짜서 넣기도 하지만, 이렇게 양파와 함께 과육까지 장아찌로 함께 만들면 한결 모양을 살려줘요. 자칫 밋밋하고 재미없는 선물이 될 요리를 훨씬 더 정성이 가득하게 보이도록 만들어 준답니다.

이름그대로 여러 가지 피클 재료들을 하나로 모아 만드는 피클이에요. 사실 각각의 재료를
따로 따로 만들 수도 있지만, 만드는 방법이 거의 똑같은 만큼 하나로 모아 만들어 두면 여러 가지 재료를
한 번에 먹을 수 있어서 간편해요. 한 가지 재료가 들어간 피클보다 색깔도 화려해서 선물용으로 더욱 좋지요.

종합피클

❋ Ready

오이	3~4개	물	1컵	피클링스파이스	2큰술
적채	3~4장	식초	$\frac{1}{2}$컵	월계수잎	1장
무	300g	설탕	$\frac{1}{2}$컵	통후추	약간
청양고추	3개	소금	1큰술		

❋ Recipe

01 각 재료는 깨끗이 씻어 오이와 무는 길이 4~5cm에 폭 1.5cm 정도로 썰고, 적채와 청양고추는 한입 크기로 썬다.

02 물, 식초, 설탕, 소금은 분량대로 냄비에 담아 살짝 끓인다.

03 끓는 물로 미리 소독한 병에 오이와 무, 적채, 청양고추, 월계수잎, 피클링스파이스, 통후추를 켜켜이 담고, 피클물을 담는다.

Anne's Style

약간의 인내심으로 무한한 맛의 향연을 씹다

피클은 2일 정도 실온에 보관한 후 냉장고에 넣어야 해요. 2일 후에는 먹기 시작해도 좋으나 4~5일 지나야 더 맛있는 피클을 먹을 수 있답니다. 며칠만 기다려주면 피클은 스스로 맛을 우려내어 먹기 좋고 선물하기 좋은 맛있는 피클로 다시 태어납니다.

쿠키는 선물용으로 만들기에 가장 쉽고 간단하면서도 예쁜 요리에요. 쿠키를 만들어 보려 할 때
맨 처음 시작하게 되는 메뉴가 바로 초코칩쿠키지요. 집에서 만드는 거니까 초코칩도 넉넉히 박아 넣어 사먹는
쿠키와는 전혀 차원이 다른 달콤함을 선물하세요.

초코칩쿠키

✤ Ready

버터 · · · · · · · · · · · · · · · 80g
백설탕 · · · · · · · · · · · · · · 50g
황설탕 · · · · · · · · · · · · · · 50g
달걀 · · · · · · · · · · · · · · · 1개
박력분 · · · · · · · · · · · · · · 160g
베이킹소다 · · · · · · · · · · ½티스푼
소금 · · · · · · · · · · · · · · ½티스푼
베이킹파우더 · · · · · · · · · ½티스푼
초콜릿칩 · · · · · · · · · · · 70~80g
코코아파우더 · · · · · · · · · · · 8g

❖ 베이킹은 계량 스푼과 저울을 사용
해서 정확히 계량해야 실패율이 낮아요.

✤ Recipe

01 실온에 꺼내두어 부드러워
진 버터, 백설탕을 잘 섞어준다.

02 ①에 달걀을 넣어 완전히
섞이도록 한다.

03 박력분 , 베이킹소다, 베이
킹파우더, 소금, 코코아파우더
를 체에 쳐서 ②에 섞어준다.

04 ③에 초콜렛칩을 섞고 반
죽을 랩에 싸 30분정도 냉장고
에 넣어 휴지기를 갖는다.

05 반죽을 조금씩 떼어 손으
로 굴려 오븐팬에 적당한 간격
을 두고 얹어 180℃로 예열된
오븐에 15분간 구워 낸다.

Anne's Style

**쿠키 한 봉지와 함께
커피타임을 가지다**

넉넉히 만들어서 이웃이나 친구
집에 놀러가 커피와 함께 즐겨
보세요. 그 어떤 커피숍에서 이
야기 나누는 것 보다 훨씬 더 다
정하고 따뜻한 티타임이 될 거
랍니다. 함께 먹을 쿠키와 선물
할 쿠키를 따로 따로 포장해가
는 센스도 잊지 마세요.

초코칩쿠키와 함께 양대산맥을 이루는 피넛쿠키를 만들어 보세요. 식당이나 레스토랑에 가면
이 두 쿠키는 항상 단짝처럼 붙어 있지요. 두 가지 쿠키를 함께 만들어서 선물하면
하나만 포장하는 것보다 훨씬 더 모양이 어우러져서 예뻐요.

KITCHEN 담백하고 고소한
피넛쿠키

❋ Ready

버터	45g
피넛버터	50g
백설탕	40g
황설탕	50g
달걀	½개
박력분	100g
베이킹소다	⅓티스푼
베이킹파우더	¼티스푼
소금	¼티스푼

❖ 베이킹은 계량 스푼과 저울을 사용해서 정확히 계량해야 실패율이 낮아요.

❋ Recipe

01 실온에 꺼내두어 부드러워진 피넛버터, 버터, 백설탕, 황설탕을 섞어준다.

02 달걀 푼 것을 ①에 넣어 섞어준다.

03 박력분, 베이킹소다, 소금을 체에 쳐서 ②에 섞어준다.

Anne's Style

쿠키에 대한 고정관념을 버리다

쿠키를 구워서 담을 때 보통은 납작한 접시를 이용하거나 나무로 된 볼을 이용하는 경우가 많아요. 하지만 조금만 더 신경을 써서 특이한 용기를 사용하면 평범한 쿠키도 고급스럽게 변신할 수가 있어요. 모양 있는 유리 그릇이나 칵테일 잔 등에 귀엽게 담아내면 한결 멋스럽고 아기자기해요.

04 반죽을 원형 기둥모양으로 만들어 비닐랩에 싸서 냉동실에 2~3시간 정도 넣어 둔다.

남은 반죽을 냉동실에 보관해 두었다가 필요할 때마다 꺼내 사용하세요.

05 냉동실에서 반죽을 꺼내어 1cm두께로 썬다.

06 쿠키팬에 ⑤를 올리고 180℃ 오븐에 약 15분간 굽는다.

선물요리 포장하기

여기에는 아주 간단하고 정말 누구나 선물하기 쉬운 요리만을 선물요리로 소개했어요.
일상적으로 먹고 평범한 요리들이기 때문에 포장도 너무 거창하면 어울리지 않아요.
유리나 플라스틱 용기를 이용해 음식 본연의 모양을 최대한 살리면서 심플하게
포장할 수 있는 방법이랍니다. 어떤 화려한 꾸밈이 있는 것이 아니기 때문에
각자 응용해서 더욱 예쁘게 업그레이드시켜 보세요.

#쿠키 포장법

✺ How to

01 일회용 플라스틱 컵에 쿠키를 쌓아 담는다.
02 투명비닐로 컵의 옆면을 돌돌 말아 감싸고 테이프로 고정한다.
03 컵의 밑면도 테이프로 고정한다.
04 입구 부분을 리본으로 묶어준다.
05 가위로 불필요한 부분을 잘라내거나 모양내어 오린다.

#장아찌&피클 포장법

✲ How to

01 한지를 동그랗게 잘라둔다.
02 장아찌를 담은 병 입구에 한지를 씌운다.
03 노끈으로 병의 목 부분을 묶는다.

Anne's Style

있는 그대로를 살려주는 심플한 포장법에 빠지다
흔히 포장법이라고 하면 색색의 재료를 이용한다고 생각하기 쉬워요. 하지만 모델보다 옷이 더 산다면 문제가 있듯이 음식 포장은 그 음식을 가장 잘 드러내주는 게 우선인 것 같아요. 되도록 투명한 용기나 포장재를 사용해 요리가 들여다보이도록 하고, 간단한 재료들로 심플하게 꾸미는 쪽이 훨씬 훌륭한 포장이 된답니다.

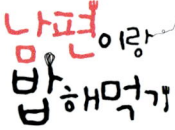

2009년 11월 30일 초판 1쇄 인쇄
2009년 12월 10일 초판 1쇄 발행

지은이 | 송현주
펴낸이 | 이종춘
펴낸곳 | **BM** 성안당
주　소 | 경기도 파주시 교하읍 문발리 출판문화정보산업단지 536-3
전　화 | 031-955-0511
팩　스 | 031-955-0510
등　록 | 1973. 2. 1. 제13-12호
홈페이지 | www.cyber.co.kr
수신자부담 전화 | 080-544-0511

ISBN 978-89-315-7401-2 (13590)
정가 11,800원

이 책을 만든 사람들
기획 · 진행 | 부크 박희란
편집 · 진행 | 박재언 · 홍희정
디자인 | Design group All(02-776-9862)
홍보 | 박재언
제작 | 구본철